全国电力行业岗位胜任力培训教材

U0796026

变电运维现场技术问答

国网河北省电力公司培训中心　编

中国计划出版社

图书在版编目（CIP）数据

变电运维现场技术问答 / 国网河北省电力公司培训中心编. -- 北京 : 中国计划出版社, 2017.4
全国电力行业岗位胜任力培训教材
ISBN 978-7-5182-0611-7

Ⅰ. ①变… Ⅱ. ①国… Ⅲ. ①变电所—电力系统运行—问题解答 Ⅳ. ①TM63-44

中国版本图书馆CIP数据核字(2017)第084198号

全国电力行业岗位胜任力培训教材
变电运维现场技术问答
国网河北省电力公司培训中心　编

中国计划出版社出版发行
网址：www.jhpress.com
地址：北京市西城区木樨地北里甲11号国宏大厦C座3层
邮政编码：100038　电话：（010）63906433（发行部）
三河市百盛印装有限公司印刷

787mm×1092mm　1/16　6.25印张　154千字
2017年4月第1版　2017年4月第1次印刷

ISBN 978-7-5182-0611-7
定价：28.00元

本书编委会

本书编写组

主　编：纪　璐

主　审：苗俊杰

成　员：（按编写章节顺序）
　　　　张秀梅　白廷玉　张媛媛　纪　璐　贾志辉
　　　　尹喜梅　毕会静　张红艳　张　云　张华宁

前　言

随着电网规模的快速发展、“三集五大”体系的建设及运维一体化工作的推进，对变电运维人员提出了新的、更高的要求。为帮助变电运维人员能更快更好地适应形势发展、紧跟现场变化、满足工作需求，特编写此书。

本书采用技术问答形式，主要围绕常规变电站现场常见问题及处理方法展开，内容包括一次设备运行维护、二次设备运行维护、倒闸操作、设备异常及事故处理四个方面。本书编写内容坚持与实际设备紧密结合、与工作需要紧密结合的原则，引导学员自主思考，提高学员分析现场实际问题、解决现场实际问题的能力。

本书编写工作具体如下：第一章由国网保定供电公司张秀梅、国网河北培训中心白廷玉编写，第二章由国网石家庄供电公司张媛媛、国网河北培训中心纪璐编写，第三章由国网沧州供电公司尹喜梅、国网河北培训中心毕会静编写，第四章由国网河北培训中心张红艳、国网河北检修公司张云、国网衡水供电公司张华宁编写。由于编者水平有限，书中出现错误和不当之处在所难免，恳请各位同行和读者给予指正。

编　者

2016 年 11 月

前 言

编 者

目　录

第一章　一次设备运行维护

第二章 二次设备运行维护

第三章 倒闸操作

第四章　设备异常及事故处理

第一章　一次设备运行维护

§1-1　某变压器型号为 ODFPS-250000/500，其含义是什么？

答：额定容量为 250000kV·A、高压绕组额定电压为 $500/\sqrt{3}$ kV 的单相自耦强迫油循环风冷三绕组变压器。

§1-2　单相变压器的额定电流应如何计算？三相变压器的额定电流应如何计算？

答：单相变压器的额定电流为 $I_{en}=S_{en}/U_{en}$，三相变压器的额定电流为 $I_{en}=S_{en}/\sqrt{3}\,U_{en}$，其中 n=1，2，3，分别代表变压器高、中、低压侧。

U_{en} 为变压器各侧额定电压，额定电压不一定等于系统电压，如某 220kV 降压变压器的各侧额定电压为 220/121/10.5kV，中、低压侧额定电压分别比系统电压高出 10%、5%。这种设计是考虑到变压器带负荷运行后，负荷电流会在变压器绕组上产生压降，同时线路负荷电流在线路阻抗上也会产生压降，线路末端用户的电压就会降低很多，为了保证用户的电压合格，中、低压侧额定电压比系统电压高 10%或 5%。

§1-3　变压器运行时为什么要求铁芯有且只有一点接地？

答：运行中变压器的铁芯及其他附件都处于绕组周围的电场内，如不接地，铁芯及其他附件必然感应一定的电压，在外加电压的作用下，当感应电压超过对地放电电压时，就会产生放电现象。为了避免变压器内部放电，所以要将铁芯接地。铁芯只能一点接地，如果多点接地，可能会在铁芯内部形成环流，引起铁芯发热。大型变压器铁芯引出一个套管与外壳接地点相连。

§1-4　为什么要监测变压器铁芯接地电流？如何监测？

答：变压器铁芯正常情况下有且只有一点接地，接地电流非常小。但当铁芯存在两点及以上接地时，便会在铁芯与大地之间形成回路，这时候接地电流便会增大很多，会引起铁芯局部过热，绝缘损坏，所以要定期测量铁芯接地电流。可以用钳形电流表测量铁芯外接地线中的接地电流，也可以在铁芯外接地线上加装电流互感器实时在线监测铁芯接地电流。

§1-5　变压器铁芯接地电流数值规程有何规定？出现异常如何处理？

答：变压器铁芯接地电流正常情况下很小，接近于零。《电力变压器运行规程》 DL/T 572—2010 规定变压器铁芯接地电流的注意值为 100mA。当变压器铁芯接地电流超过 100mA 时，运维人员应上报缺陷，由检修人员及时检查、处理，同时应加强变压器油色谱跟踪监测。当变压器铁芯接地电流超过 300mA 时，应考虑在接地点串接限流电阻，将接地电流限制在 100mA 以下。

§1-6　外油式金属波纹膨胀储油柜的结构原理和特点是什么？在巡视过程中应注意什么？

答：外油式金属波纹膨胀储油柜的基本结构如图 1-1 所示。

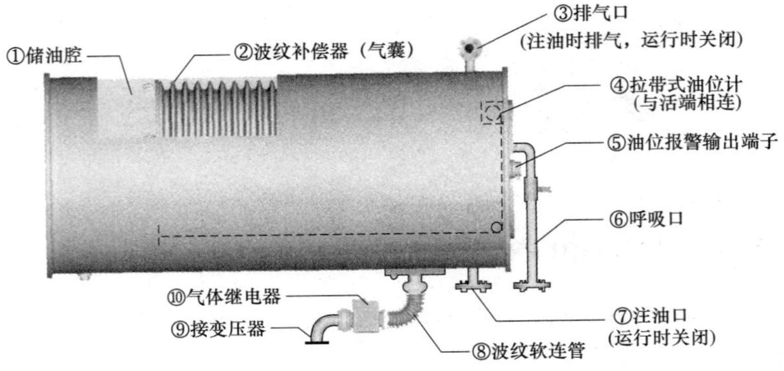

图 1-1 外油式金属波纹膨胀储油柜结构图

金属波纹补偿器相当于一个内腔与大气相通的气囊，放置于绝缘油中，储油腔通过下部连接口与变压器油箱相通。波纹补偿器内腔通过呼吸口与外界大气相通。当绝缘油随温度变化产生体积膨胀或收缩时，促使波纹补偿器伸缩，从而改变柜内油腔大小，实现对绝缘油的体积变化补偿。

金属波纹膨胀储油柜的特点包括以下几个方面：

（1）全密封。波纹膨胀芯体为全密封结构，保证变压器油与空气完全隔绝，真正实现了变压器的全密封，不须加装呼吸器。

（2）微正压。波纹芯体在微正压下运行，防止外部空气进入变压器内部，有效地保护变压器安全运行。

（3）免维护。波纹膨胀芯体工作寿命可达 40 年，其结构及材质特点决定了变压器无须定期滤油、换油，真正实现免维护。

（4）散热好。储油柜的外罩开有散热窗，易于热量的散发，延缓了油的老化，降低变压器损耗，提高了功效。

采用金属波纹管储油柜不会像胶囊和隔膜那样存在材料的老化现象，但存在焊缝劣化现象，一旦发生渗漏，就会造成油质受潮或污染；导轮若卡涩后突然运动，有可能引起重瓦斯误动。因此运维人员在巡视装有金属波纹管储油柜的变压器时，要仔细观察其油位是否符合“H-T”曲线规定的油位，若油温变化较大时油位没有明显变化，可判断为油枕没有正常呼吸，应及时上报检修部门进行处理。

§1-7 变压器中性点接地方式是依据什么决定的？

答：变压器中性点接地运行方式的安排，应综合考虑变压器中性点绝缘、系统过电压、有效接地系统、保护整定配合及各单位对其调度管辖范围内接地点安排的要求，应尽量保持厂站零序阻抗基本不变。变压器中性点接地方式应书面通知到调度、监控、运维等各相关单位。

（1）自耦变压器和绝缘有要求的变压器中性点直接接地运行。正常运行中性点接地变压器，应优先考虑薄绝缘、有载调压及防止过电压保护配置不完善的变压器。

（2）220kV 变电站的 220kV 侧，母线并列运行时，宜保持一台变压器中性点接地运行；分列运行时，每条母线宜保持一台变压器中性点接地运行。

（3）220kV 变电站的 110kV 侧，母线并列运行时，应保持一台变压器中性点接地运行；

分列运行时，每条母线应保持一台变压器中性点接地运行。

（4）110kV 及以上厂站只有一台主变压器时，变压器中性点宜直接接地运行，当变压器停运时，按特殊方式处理；有两台主变压器接于母线时，宜保持一台变压器中性点直接接地运行。

§1-8　自耦变压器中性点为何必须接地运行？

答：自耦变压器一次、二次绕组之间既有磁的联系又有电的联系。如果自耦变压器的中性点不接地运行，当高压电网发生单相接地故障时，二次绕组非故障相对地电压将超过正常运行线电压，如图 1-2 所示，并且一次、二次侧变比越大过电压倍数越大，这时变压器的绝缘容易击穿。因此自耦变压器中性点必须接地运行。

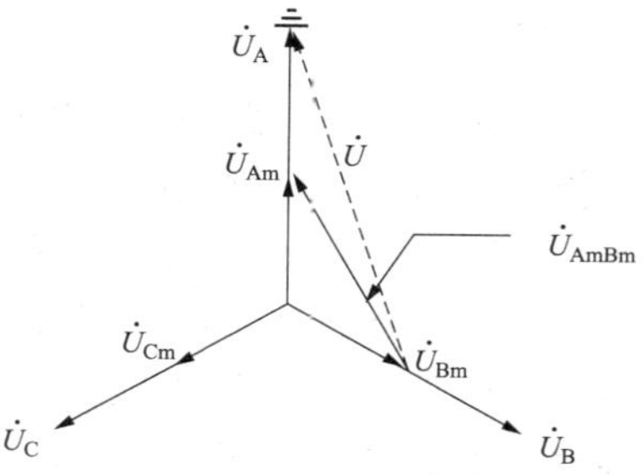

图 1-2　单相接地故障电压向量图

图中，$\dot{U}_{AmBm}$ 为正常运行时，自耦变压器中压侧 A、B 相线电压；$\dot{U}$ 为自耦变压器中性点不接地，且高压侧 A 相发生接地故障时，中压侧 B 相对地电压。

§1-9　500kV 自耦变压器中性点为何有时采用小电抗接地？

答：自耦变压器的中性点必须接地运行。随着电力系统的不断扩大，受端网络加强，大量变压器中性点直接接地运行后，系统零序电抗大大降低，导致系统单相接地短路电流超过三相短路电流，造成断路器遮断容量选择困难。由于制造上的原因，降压自耦变压器中压侧电抗常为零或接近于零，220kV 侧单相接地短路电流大于三相短路电流问题更为突出。采用中性点经小电抗接地，可以有效降低 500kV 变电站 220kV 侧单相接地短路电流。当小电抗的阻值在高-中压侧短路阻抗的 10%～33%之间选择，220kV 侧单相接地短路电流可降低 10%～20%。此时，变压器中性点绝缘水平相当于由直接接地的 35kV 级提高到 63kV 级，一般能满足要求。

§1-10　变压器运行允许电压范围是什么？

答：（1）变压器外加电源电压可略高于变压器的额定值，但一般不超过所用分接头电压的 5%，不论变压器分接头在何位置，如果所加电压不超过相应额定值的 5%，则变压器二次绕组可带额定电流运行。

（2）个别情况根据变压器的结构特点，经试验可在 1.1 倍额定电压下长期运行。

§1-11　电压过高对运行中的变压器有哪些危害？

答：电压过高会使变压器铁芯激磁电流增大，造成铁芯饱和，引起铁芯过热，加速变压器绝缘老化，缩短使用寿命。

§1-12　变压器不对称运行的原因有哪些？

答：（1）中性点直接接地系统中，当一相线路故障，暂时两相运行。

（2）三相变压器组中一相变压器故障。

（3）三相变压器一相绕组故障。

（4）变压器的分接头接触不良等。

§1-13 变压器空载运行时为什么有时会有母线接地信号？当送出一路时就恢复正常，为什么？

答：变压器空载运行时，10kV 侧或 35kV 侧绕组及所带的一段母线桥和一段空母线的三相对地电容不等，此时变压器相当于不平衡状态运行，中性点发生位移，变压器低压侧等效阻抗为电压互感器绕组阻抗与三相对地容抗相并联，当 $Z_C \ll Z_L$ 时，中性点位移数值较大，这时 10kV 侧或 35kV 侧母线会有接地信号，其变压器保护相应侧也会有零序告警信号。当变压器带上负荷或线路后，此时母线三相电压主要取决于负荷或线路阻抗平衡情况，前述三相对地电容的不平衡因素居于次要位置，如负荷或线路阻抗平衡，母线接地信号以及变压器保护零序告警信号将复归。

§1-14 何谓限制运行变压器？在运行中有何规定？

答：限制运行变压器是指状态评价结果异常、抗短路能力不足、运行年限超过设计寿命（30 年）的老旧变压器以及产品质量不良的变压器。限制运行变压器顶层油温限值降低 10℃，作为安全裕度。500kV 限制运行变压器，长期运行负载率不得超过 90%；220kV 抗短路能力不足变压器，长期运行负载率不得超过 90%；220kV 及以下其他限制运行变压器，若通过调整运行方式能够避免出现“*N*–1”过负载现象，则其长期运行负载率不得超过 90%，若存在“*N*–1”过负载可能，则其长期运行负载率不得超过 75%。超过短期急救负载的允许时间，正常运行变压器允许时间不宜超过 2min，限制运行变压器允许时间不宜超过 1min。

§1-15 为什么将 A 级绝缘变压器绕组的温升限值规定为 65℃？

答：油浸式变压器的绝缘多采用 A 级绝缘材料，耐热强度为 105℃，变压器使用的最高气温规定为 40℃，因此绕组的温升限值为 65℃。

§1-16 变压器绕组温度是如何测量的？更换绕组温度计要注意什么？

答：绕组温度表是在一个油温表的基础上，配备一台电流匹配器和一个电热元件。温度表传感器温包插在变压器油箱顶层的油孔内，当变压器负荷为零时，绕组不发热，故温度表读数为变压器油的温度。当变压器带上负荷后，电流互感器输出与负荷成正比的电流，经电流匹配器调整后流经嵌装在波纹管内的电热元件，使电热元件发热。电热元件所产生的热量，使弹性元件的位移量增大。由于弹性元件的位移量是由变压器顶层油温和变压器负荷电流决定的，因此在设计绕组温度表时，考虑了流经电热元件的电流（匹配器的二次电流）所产生的温度指示增量，它近似等于变压器被测绕组对油的温升。这样，绕组温度表指示的温度是变压器顶层油温与绕组对油温的温升之和，它反映了被测变压器绕组的最热部分温度。更换绕组温度计时要特别注意防止 TA 二次开路。

§1-17 绕组绝缘受潮对变压器有什么影响？

答：绕组绝缘受潮后，其绝缘电阻降低，会加剧绕组发热和绝缘老化，甚至造成绝缘击穿或烧毁。

§1-18　变压器呼吸器的运行规定有哪些？

答：（1）呼吸器内的硅胶要留有1/6～1/5空间，硅胶潮解变色部分不应超过总量的2/3。

（2）运行中应监视呼吸器的密封是否良好，当发现呼吸器内的上层硅胶先变色时，可以判定密封不好。

（3）呼吸器油杯的油量要适中，过少会影响净化效果，过多会造成呼吸时冒油。

§1-19　变压器呼吸器硅胶变色过快的原因有哪些？

答：（1）长时间天气阴雨，空气湿度大，吸湿量大。

（2）呼吸器容量小。

（3）硅胶玻璃罩有裂纹。

（4）呼吸器下部油封罩内无油或油位太低，起不到良好的油封作用，使湿空气未经油滤而直接进入硅胶罐内。

（5）呼吸器安装不良，如胶垫龟裂不合格、螺栓松动、安装不密封。

§1-20　更换呼吸器硅胶的注意事项有哪些？

答：（1）更换前，将重瓦斯保护由跳闸改投信号。

（2）拆装呼吸器应由两人进行，注意防止掉落。取下呼吸器时，应将连管堵住，防止回吸空气。

（3）倒出硅胶后，应将玻璃罩的内外壁擦拭干净，填充合格硅胶，将硅胶面晃至水平后再安装。

（4）组装呼吸器时，玻璃罩与上下盖密封胶垫对正后，再紧固中轴螺母，紧固力应适中，同时观察玻璃罩不得错位，密封胶垫的压缩量适中。

（5）擦拭呼吸器安装法兰密封胶垫，并检查外观，如有破损应更换。将胶垫放在呼吸器法兰口中心，安装呼吸器，紧固螺栓，紧固力应均匀，密封垫压缩量在1/3左右。

（6）油杯应加油至正常油位线。安装后注意检查呼吸器是否正常呼吸。

（7）将重瓦斯保护由信号改投跳闸前，应检查变压器保护装置有无轻瓦斯或重瓦斯动作信号。

§1-21　变压器瓦斯继电器集气盒如何放气？

答：（1）工作前应申请将变压器的重瓦斯保护由跳闸改投信号。

（2）将集气盒下部放油嘴打开，放出集气盒内部变压器油，并用油瓶进行收集。

（3）放出一部分变压器油后，瓦斯继电器内部气体充入集气盒内，聚集于集气盒上部，继续放出变压器油，观察气体体积不再增加，关闭下部放油嘴。

（4）缓慢打开集气盒上部阀门，当集气盒内气体全部排空后关闭放气阀门。检查集气盒内部充满变压器油，无气体。

（5）工作完成后检查后台监控、保护装置无轻、重瓦斯信号，将本体重瓦斯压板由信号改投跳闸。若有信号，汇报上级。

§1-22 变压器常见的冷却方式有哪几种？其工作原理是什么？

答：（1）油浸自冷（ONAN）：变压器油在油箱内自然循环，将变压器绕组和铁芯的热量传递给油箱壁及散热管，然后依靠空气自然流动将热量散发到大气中。

（2）油浸风冷（ONAF）：在油浸自冷的基础上，在散热器上加装风扇，风扇将周围的空气吹向散热器，加快散热器表面冷却，从而加速散热器中油的冷却，提高变压器绕组及铁芯的冷却效果。

（3）强迫油循环风冷（OFAF）：大容量变压器采用强迫油循环冷却，利用潜油泵加快油的循环流动，使变压器器身得到较好的冷却效果。

§1-23 简述图1-3中油浸风冷变压器冷却器备用电源投入的工作过程。

答：（1）转换开关SA1把手打至Ⅰ电源时，触点③、④和⑤、⑥闭合，继电器K1、K2线圈常开触点闭合（K1、K2线圈带电），交流接触器KMM2的常闭触点闭合（K1、K2线圈常闭触点断开，KMM2线圈不带电），交流接触器KMM1的线圈带电，常开触点闭合，Ⅰ电源工作。

（2）当Ⅰ电源工作时出现故障，继电器K1、K2常开触点断开（K1、K2线圈失电），交流接触器KMM1线圈失电，交流接触器KMM1的常开触点断开，将Ⅰ段电源断开，Ⅱ段电源经转换开关SA1⑤、⑥触点、K1、K2常闭触点闭合（K1、K2线圈失电），交流接触器KMM1的常闭触点闭合，交流接触器KMM2线圈带电，交流接触器KMM2的常开触点闭合，电源切换至Ⅱ段电源。

（3）转换开关SA1把手打至Ⅱ电源时，触点①、②和⑦、⑧闭合，工作情况与Ⅰ电源工作情况基本相同。

§1-24 简述油浸风冷变压器冷却器手动投入的工作过程。

答：如图1-3所示，将转换开关SA3的手柄置于“手动”位置，触点①、②闭合，继电器K5、K6线圈带电，K5、K6常开触点闭合，使交流接触器KM1～KM*n*线圈带电，其常开触点闭合，启动风扇投入运行。

§1-25 简述油浸风冷变压器冷却器按变压器顶层油温投入的工作过程。

答：如图1-3所示，将转换开关SA3的手柄置于“自动”位置，触点③、④闭合，当变压器顶层油温上升到信号温度计2BT的第一上限温度时，2BT1触点闭合，当变压器顶层油温上升到信号温度计2BT的第二上限温度时，2BT2触点闭合，继电器K7线圈带电，K7常开触点闭合，继电器K5、K6线圈带电，K5、K6常开触点闭合，使交流接触器KM1～KM*n*线圈带电，其常开触点闭合，启动风扇投入运行。

当变压器顶层油温下降到信号温度计2BT的第一上限温度时，2BT1触点断开，继电器K7线圈失电，K7常开触点断开，继电器K5、K6线圈失电，K5、K6常开触点断开，使交流接触器KM1～KM*n*线圈失电，其常开触点断开，风扇停止运行。

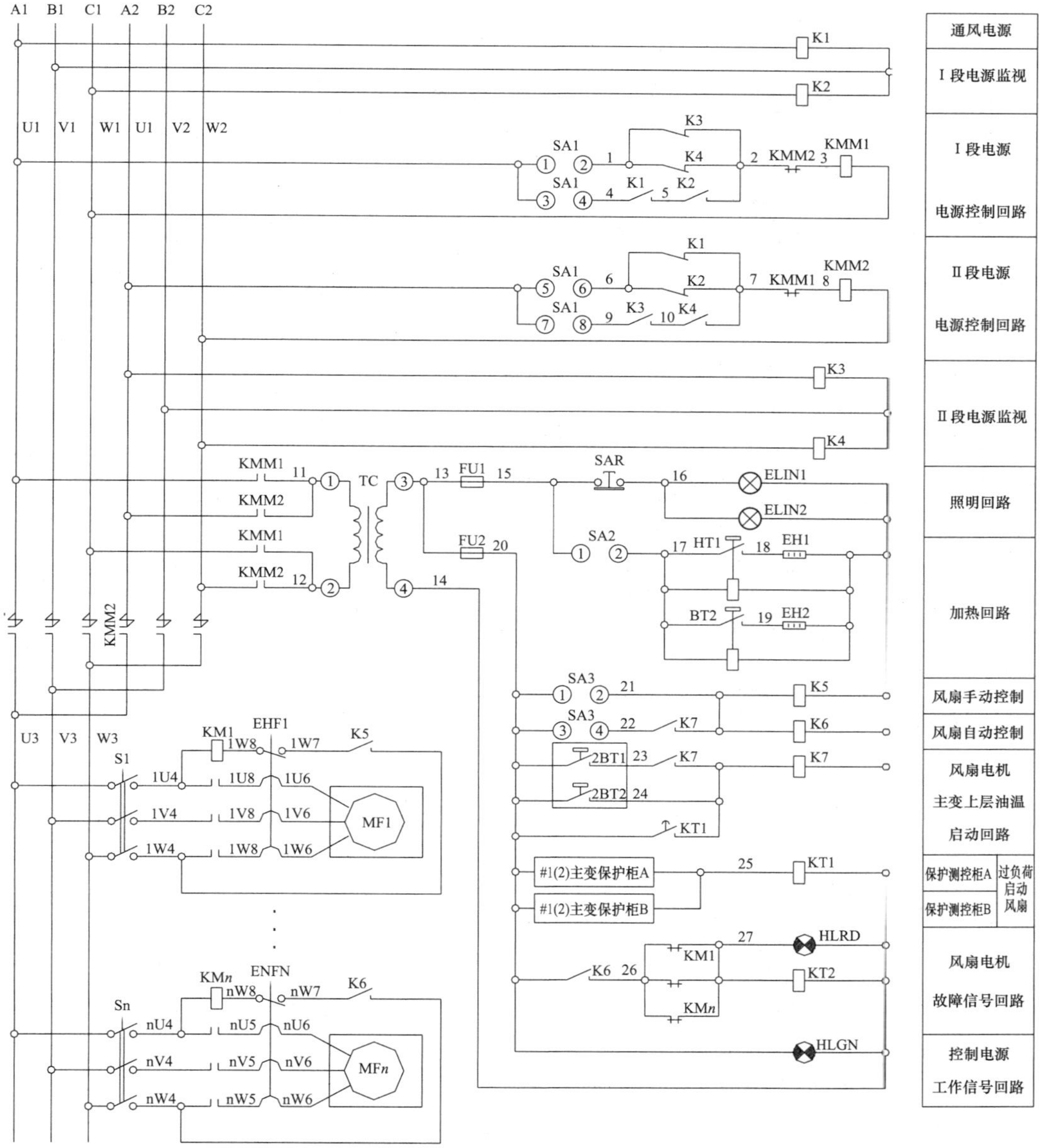

图 1-3　油浸风冷变压器冷却器二次回路图

§1-26　简述变压器冷却器按变压器负荷电流投入的工作过程。

答：如图 1-3 所示，当变压器的负荷电流达到启动风冷定值时，时间继电器 KT1 线圈带电，KT1 常开触点经一定延时闭合，继电器 K7 线圈带电，K7 常开触点闭合，继电器 K5、K6 线圈带电，K5、K6 常开触点闭合，使交流接触器 KM1～KM*n* 线圈带电，其常开触点闭合，启动风扇投入运行。

当变压器负荷电流低于返回定值时，时间继电器 KT1 线圈失电，KT1 常开触点断开，继电器 K7 线圈失电，K7 常开触点断开，继电器 K5、K6 线圈失电，K5、K6 常开触点断开，使交流接触器 KM1～KM*n* 线圈失电，其常开触点断开，风扇停止运行。

§1-27 变压器冷却器回路中热继电器的作用是什么？

答：变压器每台风扇均配备了热继电器，当变压器风扇电机出现过载时，对应的热继电器的常闭触点打开，切断对应的交流接触器 KM*n* 的电源，使变压器故障风扇停止运行，同时发“风扇电机故障”信号。

§1-28 油浸风冷变压器发“风扇电机故障”信号后如何查找？

答：（1）检查风扇运行情况，如果全部运行正常，为误发信号。

（2）检查故障风扇的电源开关是否跳开，上、下口电压是否正常，判断电源开关是否损坏。

（3）如接触器线圈两端电压正常，风扇电机接触器主触头上口有压但下口无压，可判断为风扇电机接触器损坏。

（4）如果接触器线圈两端无电压，检查热继电器是否动作，如果动作，复位热继电器，如果风扇投入后又跳，则联系专业人员处理。

（5）检查 K5、K6 继电器是否吸合。

（6）检查接线端子有无松动、过热烧损。

§1-29 变压器冷却器轮换试验前应进行哪些检查？

答：（1）变压器冷却器控制箱内光字、指示灯无异常指示，开关、转换开关的位置指示正确。

（2）油温指示正常。

（3）变压器负荷未达到满负荷状态。

（4）即将投入的冷却器无缺陷。

（5）负压区无渗漏现象。

§1-30 油浸风冷变压器冷却器如何切换？

答：启动方式在“自动”状态时，将启动方式把手由“自动”切至“手动”状态，检查风冷运行正常后，再切回“自动”状态；启动方式在“手动”状态时，将启动方式把手由“手动”切至“自动”状态，根据当时变压器负荷及温度情况检查风冷运行正常后，再切回“手动”状态。

§1-31 油浸风冷变压器冷却器电源如何切换？

答：（1）检查变压器风冷工作交流电源、备用交流电源开关均在合闸位置。

（2）拉开变压器风冷工作电源，备用电源自投正常后，再合上变压器风冷工作电源。如果备用电源接触器切换不正常应立即合上工作电源，避免风冷长时间失电。

§1-32 强油风冷变压器进行冷却器切换试验时对潜油泵的投入有何要求？为什么有这样的要求？

答：强油风冷变压器运行中切换潜油泵时应逐台进行，每次间隔时间不少于 3min。这样要求是为了避免多台潜油泵同时投运，油箱内从下部向上部油流速度突变，造成变压器本体重瓦斯保护误动跳闸。

§1-33　变压器油在线监测装置主要监测油中什么成分？这些成分是如何产生的？

答：变压器油在线监测装置主要监测油中特征气体（对判断充油电气设备内部故障有价值的气体）的含量。特征气体主要有乙炔（C_2H_2）、乙烯（C_2H_4）、乙烷（C_2H_6）、甲烷（CH_4）、氢气（H_2）、一氧化碳（CO）、二氧化碳（CO_2）等。

变压器绝缘油是由许多不同分子量的碳氢化合物分子组成的混合物。由于电或热故障使油分解，形成氢气和低烃类气体（如甲烷、乙烷、乙烯、乙炔等），也可能生成碳的固体颗粒及碳氢聚合物。故障初期，所形成的气体溶解于油中，当故障能量较大时，也可能聚集成游离气体。各种故障类型产生的气体见表1-1。

表1-1　各种故障类型产生的气体

故障类型	主要气体组分	次要气体组分
油过热	CH_4，C_2H_4	H_2，C_2H_6
油和纸过热	CH_4，C_2H_4，CO，CO_2	H_2，C_2H_6
油纸绝缘中局部放电	H_2，CH_4，CO	C_2H_2，C_2H_6，CO_2
油中火花放电	H_2，C_2H_2	
油中电弧	H_2，C_2H_2	CH_4，C_2H_4，C_2H_6
油中纸中电弧	H_2，C_2H_2，CO，CO_2	CH_4，C_2H_4，C_2H_6

§1-34　变压器油中各种气体数值规程是如何规定的？

答：正常运行条件下，充油电气设备内部的绝缘油和有机绝缘材料，在热和电的作用下，会逐渐老化和分解，产生少量的各种低分子烃类气体及一氧化碳、二氧化碳等气体。在热和电故障的情况下也会产生这些气体，这两种气体来源在技术上不能区分，在数值上也没有严格的界限。因此判断设备是否存在故障及其故障程度时，要根据设备运行的历史状况和设备的结构特点以及外部环境等因素进行综合判断。

出厂和投运前的设备气体含量要求见表1-2。

表1-2　出厂和投运前的设备气体含量要求（μL/L）

气体	变压器和电抗器	互感器	套管
氢	<30	<50	<150
乙炔	0	0	0
总烃	<20	<10	<10

运行中设备内部油中气体含量超过表1-3所列数值时应引起注意。

表1-3　运行中设备内部油中气体含量注意值（μL/L）

设备	气体组分	含量	
		330kV及以上	220kV及以下
变压器	总烃	150	150

续表 1-3

设　备	气 体 组 分	含　量	
		330kV 及以上	220kV 及以下
变压器	乙炔	1	5
	氢	150	150
	一氧化碳	突变	突变
	二氧化碳	突变	突变
套管	甲烷	100	100
	乙炔	1	2
	氢	500	500

注：该表所列数值不适用于从气体继电器放气嘴取出的气样。

§1-35　500kV 变压器油中乙炔数值超标如何处理？

答：运行中变压器油中乙炔气体含量一般应为零或不超过 1μL/L。运维人员发现变压器油中乙炔数值超过 1μL/L 或突变时，应立即上报缺陷，由专业部门进行进一步检测、判断。运维人员同时要加强乙炔数值超标变压器巡视和在线监测数据监视。

§1-36　变压器在线监测装置各项数据均为零，应注意检查什么？

答：变压器在线监测装置各项数据均为零，应注意检查在线监测装置载气瓶压力是否不足。如载气瓶压力不足应及时更换。

§1-37　什么是套管末屏接地？套管末屏未接地时有何异常现象？

答：电容型设备如油纸绝缘的套管、电流互感器，绝缘是由一层层绝缘纸卷制而成的。每层绝缘纸间卷有锡箔层，称为电容屏。这种结构可以使电压分布均匀。最外一层电容屏就称为末屏。采用油纸绝缘的套管末屏应可靠接地。如果套管末屏未接地，可能发生火花放电，并听到“噼啪”声。

§1-38　变电站室外电压互感器高压保险管更换作业有哪些注意事项？

答：（1）拆除保险瓷套顶盖的四条螺栓时注意核实保险压接弹簧位置，应两人配合，一人托住顶盖，一人拆除，防止弹簧弹射造成螺栓丢失或伤人。

（2）安装时应两人配合，一人托住顶盖，一人安装，紧固螺栓前检查两侧弹簧位置正对保险，检查保险套与连接法兰的胶垫平整放入槽内，保证密封良好。紧固螺栓时对角紧固，以保证弹簧和胶垫受力均匀，螺栓紧固到弹簧压缩一定程度，保证接触良好。

§1-39　互感器二次侧为什么要求必须接地？

答：互感器二次侧接地属于保护接地。互感器二次接地是为了防止一二次线圈间绝缘损坏而击穿时，二次线圈串入高电压，危及仪表、继电器及人身安全，并且只允许一点接地，若发生两点接地，则可能使电气测量的误差增大或影响继电保护装置的正确动作。

§1-40 为什么大电流接地系统的电压互感器的辅助绕组额定电压为 100V，而用于小电流接地系统的却为 100/3V？

答：电压互感器辅助绕组接成开口三角，以反映零序电压，正常运行时，三相电压对称，开口三角输出电压为零。对于中性点直接接地系统，当发生单相接地时，如图 1-4（a）所示，接地相的电压为零，开口三角输出电压等于两个非故障相电压之和，即相电压，输出电压为 100V。对于中性点不接地系统，当发生单相接地时，如图 1-4（b）所示，其他两个非故障电压升高到 $\sqrt{3}$ 相电压，开口三角输出电压等于两个非故障相对地电压之和，即 3 倍的相电压，所以要想使其输出电压仍为 100V，则必须使开口三角辅助绕组额定电压为 100/3V。

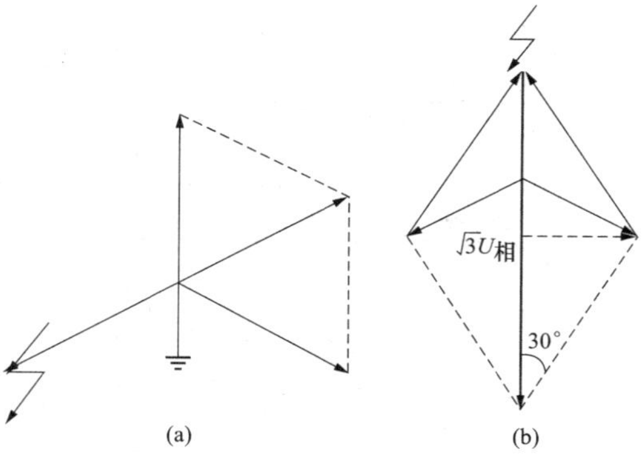

图 1-4 单相接地故障电压向量图

§1-41 某电流互感器二次绕组，“0.5 级”、“5P30 级”、“0.2S 级”分别代表什么含义？正常时，故障录波器应该接在哪一套绕组上？

答：“0.5 级”、“5P30 级”、“0.2S 级”都是指的电流互感器的准确等级。由于电流互感器中励磁电流的存在，使得电流互感器一次侧电流和二次侧电流无论是大小还是相位都不相同，即存在误差。在规定的二次负荷范围内，一次电流在额定值附近时的最大误差限值，即为电流互感器的准确等级，常用的准确等级有 0.2、0.5、1、3。“0.5 级”表示额定电流下误差不超过±0.5%；“5P30 级”中，“P”表示保护用等级，“30”指 30 倍额定电流下，“5”表示复合误差不超过±5%；“0.2S 级”和“0.2 级”是相同准确等级，“S”表示互感器在轻负载（10%）时一样可以达到精度要求。正常时，故障录波器应该接在 5P30 级，不可接在 0.5 级上。

§1-42 保护、测量、计量用电流互感器二次绕组是否可以共用？为什么？

答：保护、测量、计量用电流互感器二次绕组一般不能共用。

因为保护用二次绕组和测量、计量用二次绕组对其铁芯的要求不同，保护用二次线圈要求在系统发生故障，通过很大的一次电流时，铁芯尽量不饱和，以保证二次电流能准确反映一次电流，确保保护能正确动作；测量、计量用二次绕组则要求在很大的一次电流时，铁芯尽早饱和，以防止过大的二次电流造成测量、计量元件的损坏。另外，为了计量准确，要求在很小的一次电流下，计量用电流互感器的电流误差也要满足要求。用于不同回路的电流互感器误差要求见表 1-4～表 1-6。

表 1-4 测量用电流互感器电流误差限值

准确级	在下列额定电流（%）下的电流误差（±%）			
	5	20	100	120
0.2	0.75	0.35	0.2	0.2
0.5	1.5	0.75	0.5	0.5

表 1-5 计量用电流互感器电流误差限值

准确级	在下列额定电流（%）下的电流误差（±%）				
	1	5	20	100	120
0.2S	0.75	0.35	0.2	0.2	0.2
0.5S	1.5	0.75	0.5	0.5	0.5

表 1-6 保护用电流互感器误差限值

准确级	额定一次电流下的电流误差（±%）	额定准确限值一次电流下的复合误差%
5P	1	5
10P	3	10

§1-43 为什么要进行断路器低电压合跳闸试验？

答：在正常的直流电压下，断路器均能可靠地跳、合闸。但当站用电发生事故，或直流电源容量降低较多或回路电缆截面过小时，电源电压的降低将使跳、合闸线圈及接触器线圈不能正确动作。在多路断路器跳、合闸时，更会如此。若线圈动作电压过低，就会误动作，或烧坏合闸线圈，因此要进行低电压跳、合闸试验。

其试验标准：跳闸线圈最低动作电压不应低于额定电压的 30%，不高于 65%；接触器线圈最低动作电压不应低于额定电压的 30%，不高于 65%；合闸线圈最低动作电压不低于额定电压的 85%。

§1-44 图 1-5 中编号 GIS 设备名称是什么？GIS 为什么要设计成很多气隔？GIS 中断路器与其他电气元件为什么必须分为不同的气室？

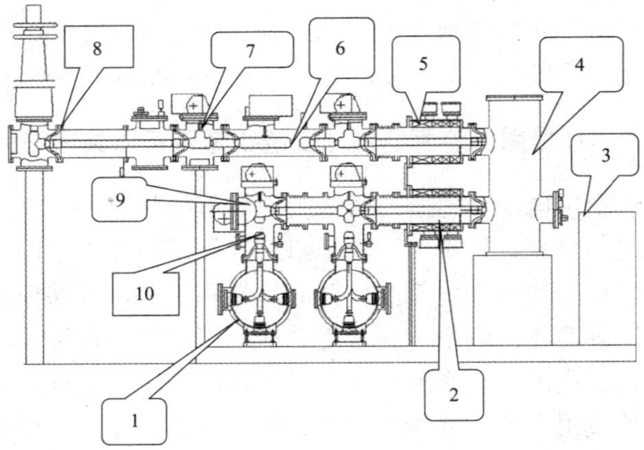

图 1-5 GIS 设备结构图

答：1—母线，2—母线侧 TA，3—汇控柜，4—断路器，5—线路侧 TA，6—-5 隔离开关，7—-5XD（线路侧）接地刀闸，8—盆式绝缘子，9—-2KD（断路器侧）接地刀闸，10—-2（母线侧）隔离开关。

GIS 内部相同压力或不同压力的各电气元件的气室间设置的使气体互不相通的密封间隔

称为气隔。设置气隔有以下好处：

（1）将不同 SF_6 气体压力的各电气元件分隔开；

（2）特殊要求的元件（如避雷器等）可以单独设置一个气隔；

（3）在检修时可以减少停电范围；

（4）可以减少检修时 SF_6 气体的回收和充放气工作量；

（5）有利于安装和扩建工作。

GIS 中断路器与其他电气元件必须分为不同的气室，主要是由于以下几点原因：

（1）由于断路器气室内 SF_6 气体压力的选定要满足灭弧和绝缘两方面的要求，而其他电气元件内 SF_6 气体压力只需考虑绝缘性能方面的要求，两种气室的 SF_6 气压不同，所以不能连为一体。

（2）断路器气室内的 SF_6 气体在电弧高温作用下可能分解成多种有腐蚀性和毒性的物质，在结构上不连通就不会影响其他气室的电气元件。

（3）断路器的检修机率比较高，气室分开后，要检修断路器时就不会影响到其他电气元件的气室，因而可缩小检修范围。

§1-45　为什么 GIS 汇控柜中断路器“远方/就地”切换把手运行中严禁切至“就地”位置？

答：GIS 汇控柜中断路器“远方/就地”切换把手切至“就地”位置相当于断开了断路器控制回路，无论是保护动作还是遥控操作，断路器均不能分合闸，一旦系统发生故障，就会造成越级跳闸，所以运行中严禁切至“就地”位置。

§1-46　巡视中发现 GIS 设备 220kV 母线筒局部有异常声响应如何检查处理？

答：GIS 设备 220kV 母线筒局部有异常声响应上报缺陷，由专业人员进一步检查、试验，必要时停电解体检查。母线筒振动、异响，可能是内部母线导体振动引起的，母线导体振动可能造成母线支持绝缘子折断，造成母线内部短路故障。

§1-47　不同电压等级的变电站直流系统有什么不同要求？

答：（1）500kV 及重要的 220kV 变电站应采用三台充电装置，两组蓄电池组的供电方式，每组蓄电池和充电机应分别接于一段直流母线上，第三台充电装置（备用充电装置）可在两段母线之间切换，任一工作充电装置退出运行时，手动投入第三台充电装置。

（2）普通 220kV 变电站应采用两台充电装置，两组蓄电池组的供电方式。

§1-48　直流系统对负载供电，应按电压等级设置分电屏供电方式，不应采用直流小母线供电方式的原因是什么？

答：采用分电屏供电方式的优点是，如果负荷处电源开关下口发生故障，仅跳开负荷开关，或者最多跳开分电屏对这一路输出的开关，避免了直流小母线负荷开关下口故障时，由于小母线总进线开关很难实现与下级负荷开关的级差配合而误动，造成停电范围扩大。另外，由于直流小母线往往在保护柜顶布置，接线复杂，连接点多，其裸露部分易造成误碰或接地故障。因此直流系统对负载供电应按电压等级设置分电屏供电方式，不应采用直流小母线供电方式。

§1-49 除蓄电池组出口总熔断器以外，逐步将现有运行的熔断器更换为直流专用断路器的原因是什么？

答：普通交流断路器应用在直流回路中，存在很大的危险性，普通交流断路器在断开回路时，不能遮断直流电流，包括正常负荷电流和故障电流。这主要是由于普通交流断路器，其灭弧机理是靠交流电流自然过零而灭弧的，而直流电流没有自然过零过程。因此普通交流断路器不能熄灭直流电流电弧。当普通交流断路器遮断不了直流负荷电流时，容易将断路器烧毁，当遮断不了故障电流时，会使电缆和蓄电池组着火，引起火灾。所以除蓄电池组出口总熔断器以外，逐步将现有运行的熔断器更换为直流专用断路器。

§1-50 并联电容器的常用接线方式是什么？

答：并联电容器采用星形或双星形接线，并且在中性点非直接接地的电网中，星形接线电容器组的中性点不应接地。

§1-51 电容器组运行中对电压、电流有何要求？

答：由于母线电压升高（工频过电压）或高次谐波引起电容器过负荷时，电容器电流不超过额定电流的1.3倍，允许长期运行。

电容器过电压倍数及运行持续时间按表1-7执行，尽量避免在低于额定电压下运行。

表1-7 电容器过电压倍数及运行持续时间规定

过电压倍数（U_g/U_n）	持续时间	说明
1.05	连续	
1.10	每24h中8h	
1.15	每24h中30min	系统电压调整与波动
1.20	5min	轻荷载时电压升高
1.30	1min	

§1-52 高压并联电容器装置中装设串联电抗器时，串联电抗器安装位置不同各有何优缺点？

答：串联电抗器无论装在电容器组的电源侧或中性点侧，从限制合闸涌流和抑制谐波来说，作用都是一样的。但串联电抗器装在中性点侧，正常运行时串联电抗器承受的对地电压低，可不受短路电流的冲击，对动、热稳定没有特殊要求，可减少事故，使运行更加安全，而且可采用普通电抗器产品，价格较低。

串联电抗器装在电源侧时，可以限制短路电流，但是普通电抗器一般不能满足要求，应采用加强型电抗器，并经动、热稳定要求校验。

§1-53 并联电容器组中的串联电抗器电抗百分数含义是什么？不同百分数的电抗器作用有何不同？投退时有何顺序要求？

答：电抗百分数是指电抗器的感抗与电容器的容抗比值的百分数，即$X_L/X_C\times100\%$。

串联电抗器的电抗百分数是根据其作用进行选择，只用于限制合闸涌流，可选 0.1%～1%的电抗器；主要用于限制 5 次谐波，可选 4.5%～6%的电抗器；主要用于限制 3 次谐波，可选 12%～13%的电抗器。

当一座变电站同时有不同电抗百分数的电容器组，投入时先投电抗百分数大的电容器组，退出时先退电抗百分数小的电容器组。

§ 1-54　用于 10kV 系统，电抗百分数为 12%的并联电容器，其额定电压为什么是 $12/\sqrt{3}$ kV，而不是 $10/\sqrt{3}$ kV？

答：因为电容器回路中串联有电抗器，而电抗器与电容器上的电压相位相差 180°，其值可按下式计算：

$$U_c = U_x \Big/ \left[\sqrt{3}(1-12\%)\right]$$

式中　U_c——电容器两端的运行电压（kV）；

U_x——母线线电压（kV）。

由上式可以看出电容器两端运行电压高于母线电压，所以要求电容器额定电压高于系统电压。

§ 1-55　新投电容器组在额定电压下合闸冲击次数及时间规定是什么？

答：电容器组新装投运前，应在额定电压下合闸冲击三次，每次拉合间隔时间 5min，应将电容器残留电荷放完后才可进行下次合闸。

§ 1-56　电容器组红外测温有哪些注意事项？

答：（1）对电容器组红外测温，需提前与调控值班员联系，提前 1 小时将电容器组投入运行。

（2）在电容器室进行红外测温前，与调控值班员联系，不得进行投切操作，将 AVC 装置退出，尽量缩短工作时间。

§ 1-57　电抗器围栏为何不能形成闭合回路？

答：由于电抗器运行时，相当于一个大的电磁线圈，其磁场分布为垂直方向，在其周围水平方向内如果存在金属闭合回路，在该回路中会形成感应电势和感应电流，造成回路发热烧断或人身触电。所以电抗器围栏在水平方向上不能形成闭合回路，且应可靠接地。

§ 1-58　110～220kV 进出线间隔入口处加装金属氧化物避雷器的原因是什么？

答：按照原来的设计规范，110kV 及 220kV 变电站仅有母线避雷器，无出线避雷器。处于热备用运行的线路在遭受雷击时，或变电站进出线断路器在线路遭雷击闪络跳闸后，在断路器重合前线路再次遭受雷击，雷电侵入波在断路器断口处发生全反射，产生的雷电过电压将超过设备的雷电耐受绝缘强度，母线避雷器对出线断路器等设备不能有效保护，造成内绝缘或外绝缘击穿，因此在 110～220kV 进出线间隔入口处加装金属氧化物避雷器。

§ 1-59　站用电有外接备用电源时，巡视时有哪些注意事项？

答：站用电外接备用电源一般由 10kV、35kV 线路提供，线路本站侧通常未装设电压互感器，所以当该线路在站内部分发生单相接地时，站内没有接地信号，因此巡视外接电源设备时应注意人身安全，也可联系调控值班员了解该线路对端变电站有无接地信号。

§1-60 巡视高压室的安全注意事项有哪些？

答：（1）进入高压室前，与调控值班员联系禁止操作高压室内断路器。

（2）检查监控机无接地等异常信号。

（3）在高压室门口处注意判断室内无异常声音、气味，检查 SF_6 含量指示正常。

（4）尽量缩短在高压室内的停留时间。

§1-61 高温天气重点巡视哪些内容？

答：高温天气重点检查注油设备油位是否过高，油温是否超过规定，液压、气压压力是否正常，引线是否过松，接头有无发热，保护室、配电室空调及除湿机运行情况等。

§1-62 严寒季节重点巡视哪些内容？

答：严寒季节重点检查注油设备油位是否过低，导线是否过紧，设备端子箱、机构箱加热器是否投入，绝缘子积雪积冰情况，管道有无冻裂，气压、液压压力是否正常，GIS 设备还应检查伸缩节法兰变形情况及全部法兰盲孔是否存在进水结冰现象。

§1-63 接头发热的检查方法有哪些？

答：（1）利用红外测温仪检测接头温度。

（2）观察接头上有无热气流、水蒸气和冒烟的现象。

（3）观察接头金属的颜色变化情况。

（4）根据相色漆的变色来判断接头是否发热。

§1-64 开关柜测温方法有哪些？

答：目前开关柜测温有多种方法，可以采取测量开关柜表面温度间接反映开关柜内发热情况，也可采用无线、光纤等技术手段，对开关柜内带电导体部位直接测温，也可在开关柜体上加装红外测量玻璃，再通过红外热测温设备进行测量。

第二章　二次设备运行维护

§2-1　二次设备巡视时应检查哪些项目？

答：（1）检查继电保护及二次回路各元件应接线紧固，无过热、异味、冒烟现象，标识清晰准确。

（2）检查继电保护及自动装置的运行状态、运行监视（包括液晶显示及各种信号指示灯）正确，无异常信号。

（3）检查继电保护及自动装置屏上各小开关、切换把手的位置正确。

（4）检查继电保护及自动装置的压板投退情况符合要求，压接牢固，长期不用的压板应取下。

（5）检查微机保护的打印机运行正常，不缺纸，无打印记录。

（6）检查微机保护装置的定值区和时钟正常。

（7）检查监控机设备位置指示正常，无光字和告警信息，母线电压三相平衡、正常，无过负荷现象，变压器有载分接头与现场一致。

（8）检查保护屏、控制屏下电缆孔洞封堵严密。

（9）智能变电站巡视时应检查就地装置和监控后台中保护装置、合并单元、智能终端等各智能组件的“检修状态”连接片已经退出，“远方操作”连接片已按要求投入，各二次设备状态正常。

§2-2　二次设备哪些缺陷属于危急缺陷？

答：危急缺陷是指继电保护装置自身或相关设备及回路存在问题，导致失去主要保护功能，直接威胁安全运行并须立即处理的缺陷。一次设备失去主保护时，一般应停运相应设备；保护存在误动风险时，一般应退出保护；保护存在拒动风险时，应保证有其他可靠保护作为运行设备的保护。以下缺陷属于危急缺陷：

（1）设备直流电源异常或消失。

（2）设备死机、故障或异常退出。

（3）纵联保护通道故障、接口设备运行灯异常或接口设备故障，无法收发数据。

（4）控制回路断线或直流消失。

（5）电压切换异常，电流、电压互感器二次回路异常，电子互感器（含采集单元）故障。

（6）差流越限。

（7）开入、开出异常，可能造成继电保护不正确动作。

（8）直流系统接地。

（9）继电保护装置频繁重启。

（10）继电保护装置本体、智能终端或合并单元（MU）等数据采集异常。

（11）智能终端或合并单元（MU）等与继电保护装置之间数据中断或异常。

（12）继电保护装置用GOOSE网数据中断或异常。

（13）继电保护用过程层交换机异常。

（14）其他直接威胁设备安全运行的情况。

§2-3 二次设备哪些缺陷属于严重缺陷？

答：严重缺陷是指继电保护装置自身或相关设备及回路存在问题，导致部分保护功能缺失或性能下降，但在短时内尚能坚持运行，需尽快处理的缺陷。严重缺陷可在保护专业人员到达现场进行处理时再申请退出相应保护。缺陷未处理期间，运维人员应加强监视，保护有误动风险时应及时处置，以下缺陷属于严重缺陷：

（1）纵联保护通道不稳定，通道衰耗大或纵联保护通道丢帧数明显异常，但未闭锁保护。

（2）保护装置只发异常或告警信号，但未闭锁。

（3）液晶显示异常，但不影响动作性能。

（4）信号指示灯异常，但不影响动作性能。

（5）频繁出现又能自动复归的缺陷。

（6）母线保护隔离开关辅助接点开入异常，但不影响母线保护正确动作。

（7）录波器、过程层网络分析仪装置故障、频繁启动或电源消失。

（8）无人值守站继电保护装置与自动化系统通信中断。

（9）继电保护装置信息、录波器信息无法正常上传至调度端。

（10）就地信号正常，后台或中央信号不正常。

（11）保护装置动作后报告不完整或无事故报告。

（12）操作箱指示灯不亮但未发控制回路断线。

（13）其他可能导致继电保护部分功能缺失或性能下降的缺陷。

§2-4 二次设备哪些缺陷属于一般缺陷？

答：一般缺陷是指上述危急、严重缺陷以外的不直接影响设备安全运行和供电能力，继电保护功能未受到实质性影响，性质一般、程度较轻，对安全运行影响不大，可暂缓处理的缺陷。以下缺陷属于一般缺陷：

（1）液晶显示屏不清楚，但不影响人机对话及动作性能。

（2）时钟不准。

（3）打印功能不正常。

（4）屏体、继电保护装置外壳损坏或变形，屏上按钮接触不良，二次端子锈蚀等不影响正常运行的缺陷。

（5）能自动复归的偶然缺陷。

（6）有人值守站的保护信息通信中断。

（7）其他对设备安全运行影响不大的缺陷。

§2-5 继电保护及安全自动装置电源及连接片投退操作要点是什么？

答：继电保护及安全自动装置投入时应先接通装置的交流电源，再接通直流电源，直流电源操作时应先接通负极再接通正极。连接片送电操作时应先接通功能连接片，再接通出口连接片，停电时与此顺序相反。

§2-6　保护操作的通用原则有哪些？

答：（1）运维人员的操作包括投退保护、变更功能及方式连接片、切换定值区、复归信号等。软、硬连接片均可操作时，优先选择硬连接片进行操作。

（2）当保护有误动危险时，现场运维人员可先行将保护退出，再及时向相应值班调控人员汇报。保护装置的投运方式仅由所在厂站的运行方式决定时，其投、停规定及相应操作应纳入现场运行规程，无需值班调控人员单独下令。

（3）运维人员投退连接片应由两人进行，一人操作，一人监护。连接片操作后的信号、信息、位置等具体反应，运维人员应在每次操作中予以检查核对其正确性，与预定反应不一致时，应暂停操作。

（4）保护装置的出口连接片，在退出时应先于其他连接片；在投入时应后于其他连接片，并需先确认保护无异常信息后再投入。

（5）硬连接片投入时要压接良好，断开时要拧紧。需按键确认连接片投退的，应将按键确认步骤列入操作票。

（6）现场运维人员通过监控后台操作软连接片，正常不允许直接在保护装置上操作软连接片。操作软连接片时，先在监控后台核对各软连接片状态正确后，再对软连接片进行遥控操作，并确认遥控成功信息反馈正确。

（7）正常运行状态下，保护装置、合并单元、智能终端等的“检修状态”连接片应退出，运维人员不允许操作。

（8）需要调控端远方操作或站端监控系统操作（远方投退连接片、远方切换定值区、远方修改定值等全部或部分操作）继电保护的，正常运行状态下，应投入保护装置的“远方操作”硬连接片。

§2-7　正常情况下允许运维人员操作保护装置的元件包括哪些？

答：（1）各控制保险、保护装置电源、信号小开关（保险）、保护装置的连接片（包括软连接片）。

（2）保护装置屏面上的方式切换把手，试验、复归按钮。

§2-8　运维人员与值班调控人员需要核对继电保护定值单哪些内容？

答：运维人员和值班调度人员核对定值单的内容为：定值单编号、定值单计算日期、厂站名称、设备名称、保护装置型号、TA 变比、TV 变比以及定值单中的说明部分。

§2-9　微机保护装置切换定值区时应注意什么？

答：（1）各线路保护的定值已固化在相应的定值区内，严禁随意更改定值区。

（2）旁路断路器转代线路时，应按规定的方法切换定值区，并立即打印新定值单，核对正确无误；旁路断路器转代变压器时，使用任一线路转代定值均可。

（3）运维人员禁止修改定值。

§2-10 继电保护新投运前验收时应实际检查并确认哪些内容？

答：（1）监控后台显示的有关继电保护的遥测、遥信、遥控、遥调数据齐全，监控画面清晰、规范。监控后台中继电保护设备、连接片、信号的界面符合运行要求，显示除常规保护、智能终端出口硬连接片外的其余硬连接片的实际状态，包括“远方操作”和“检修状态”硬连接片；连接片名称与设备技术规范的连接片名称一致；可操作的连接片与只监视不操作的连接片应有明显区分。

（2）继电保护运行环境良好，智能控制柜、继电保护室环境温度、湿度数据上传正确。

（3）继电保护装置屏前屏后均具有设备名称标识。装置名称及编号应准确、清晰，多间隔设备合并组屏的，不同间隔的装置之间应有分隔线。各连接片、切换小开关、保险、空气小开关等的标签标识应规范、清晰、简明，连接片应有双重名称。标签与所指的设备应准确对应，避免混淆。

（4）现场运行规程（专用部分）中继电保护设备、回路、连接片等内容描述与实际相符。

§2-11 对保护连接片的安装有什么要求？

答：（1）保护连接片的开口端应装在上方，跳闸出口连接片上端接到断路器的跳闸线圈回路。

（2）保护连接片在落下过程中必须和相邻保护连接片有足够的距离，以保证在操作保护连接片时不会碰到相邻的保护连接片。

（3）检查并确保保护连接片在拧紧螺栓后能可靠地接通回路。

（4）穿过保护屏的保护连接片导电杆必须有绝缘套，并距屏孔有明显距离。

（5）检查保护连接片在拧紧后不会接地。

§2-12 哪些连接片属于出口连接片？

答：包括面向智能终端、操作箱及断路器的跳闸连接片、合闸连接片，面向隔离开关的控分、控合连接片，以及向其他装置进行接点输出回路上的连接片，包括启动/闭锁重合闸、启动失灵保护、解除失灵保护电压闭锁、启动远跳、闭锁备自投等连接片。

§2-13 投入跳闸出口连接片前测量其电位值可能有哪几种情况？该怎样判断和处理？

答：跳闸出口连接片上端一般接到断路器的跳闸线圈，断路器在合位时为负电；而下端接到跳闸接点，在保护没有动作的情况下是不带电位的。

投入跳闸出口连接片前测量的电位值可能有如下几种情况：

（1）连接片上端口对地−110V 左右，下端口对地+110V 左右，则保护有出口，不能投入此连接片。

（2）连接片上端口对地−110V 左右，下端口对地 0V，此时连接片可以投入。

（3）连接片上端口对地 0V，下端口对地 0V，则连接片上端回路不通，即使投入此连接片，有故障保护动作后也不能进行跳闸。

（4）连接片上端口对地+110V 左右，下端口对地+110V 左右，则保护有出口，且跳闸回路不通。

§2-14　继电保护及安全自动装置出现异常、动作后的处理原则是什么？

答：(1) 若发现继电保护装置有异常现象时，应加强监视，立即向上级汇报，并通知继电保护人员到现场处理，若影响保护正常运行，则要按照规程要求联系调度退出保护，并做好记录。

(2) 继电保护动作跳闸后，运维人员应按要求做好记录，检查保护动作情况，打印事故报告并查明原因，将保护动作情况和故障测距结果汇报至调度和上级部门。

§2-15　保护装置运行中出现“电源故障”信号时如何处理？

答：(1) 立即检查保护装置所有电源指示灯是否正常发光，直流屏和保护屏上对应电源的熔断器是否熔断，小开关是否跳开。

(2) 如果电源的熔断器熔断或小开关跳开，先将该保护的保护出口断开，然后更换相同规格的熔断器试投或试合小开关，待电源恢复后再将出口连接片投入，以免在电源恢复过程中保护误动。

(3) 如果电源正常，“电源故障”信号不能复归，电源指示灯熄灭，可能是保护装置内部电源故障，则应通知保护人员进行处理。

双套配置的保护，若一套电源故障，另一套正常时，一次设备可以正常运行，只需将故障的保护退出；若为单套保护，则应向调度申请对应一次设备停电。

§2-16　交流电压回路断线主要影响哪些保护？

答：(1) 各种形式的距离保护。

(2) 低电压保护、过电压保护。

(3) 经方向控制的保护（如方向过流、零序方向保护）。

(4) 采用阻抗或电压作选相元件，且用零序电流作接地故障判别元件的综合重合闸。

(5) 备用电源自动投入装置。

(6) 其他与电压有关的保护。

§2-17　变压器主要配置哪些保护？

答：110kV 及以上变压器均配置两套电量保护、一套非电量保护。

每套电量保护主要包括差动保护、复合电压闭锁方向过流保护、零序方向过流保护、间隙保护、阻抗保护、过负荷保护、零序电压保护、母线充电保护、过载闭锁有载调压等。

非电量保护主要包括本体重瓦斯、本体轻瓦斯、有载重瓦斯、有载轻瓦斯、本体压力释放、有载压力释放、本体压力突变、本体油位过高或过低、有载油位过高或过低、油温高、绕组温高、冷却器全停等。非电量保护除本体重瓦斯、有载重瓦斯投跳闸外，其他非电量保护均投信号。

500kV 变压器特有保护包括过励磁保护、分侧差动保护、公共绕组过负荷保护。

§2-18　变压器重瓦斯保护遇到哪些情况时应改投信号？

答：(1) 变压器运行中进行滤油、补油、更换呼吸器或其内的吸湿剂工作时。

（2）变压器运行中更换潜油泵、冷却器、净油器的吸附剂工作时，由于需要时间较长，在工作开始时和工作结束时，应先将变压器本体重瓦斯保护切换为信号方式；当确认相关阀门关闭良好或开启正常且排气完成后，再将变压器本体重瓦斯保护恢复为跳闸方式。

（3）运行中的变压器冷却器油回路、通向储油柜各阀门由关闭位置旋转至开启位置时；以及当油位计的油面异常升高或呼吸系统有异常现象，需要打开放油或放气阀门时，应先将变压器本体重瓦斯保护切换为信号方式。

（4）在运行中处理变压器的安全气道、截门、对呼吸器进行畅通工作时。

（5）在地震预报期间，根据变压器的具体情况和瓦斯继电器的抗震性能，可能导致重瓦斯保护误动时。

（6）瓦斯保护回路工作及其二次回路发生直流接地。

（7）变压器运行中，若需将瓦斯继电器集气室的气体排出时，为防止误碰探针，造成瓦斯保护跳闸可将变压器重瓦斯保护切换为信号方式；排气结束后，应将重瓦斯保护恢复为跳闸方式。

§2-19　为何穿越性故障可能会造成变压器重瓦斯保护误动?

答：在变压器差动保护范围以外发生的短路故障，对于变压器来说是穿越性故障。当故障发生在变电站母线、出线近区时，短路阻抗较小，穿越变压器的短路电流较大，类似于变压器突然短路。此时流过变压器的短路电流的峰值可达额定电流的20～30倍，由于电磁力与电流的平方成正比，突然短路时变压器绕组所受的电磁力可达正常运行时的几百倍。绕组受到电磁力的作用产生辐向位移，将使一次和二次绕组间的油隙增大，油隙内侧和绕组外侧产生一定的压差，加速油的流动。另一方面，很大的穿越性故障电流使变压器绕组温度上升很快，使油的体积膨胀，快速向油枕流动。在两种作用下，当油流较大时，重瓦斯保护就可能误动。这类误动，可以通过调整重瓦斯继电器的流速定值来躲过。

§2-20　变压器保护运行中的注意事项有哪些？

答：（1）运行中的110kV及以上变压器不允许失去差动保护，500kV变压器不允许失去过励磁保护及低压后备保护。

（2）未进行相量检查的变压器保护，在对变压器充电时也应投入跳闸。

（3）变压器操作完毕后，应按规定方式保留变压器接地中性点。倒换变压器中性点接地方式时，按先合后拉的原则进行。

（4）变压器中性点不接地运行时，应投入间隙保护；变压器中性点接地运行时，未采用间隙保护专用互感器的间隙保护应退出，采用间隙保护专用互感器的间隙保护可不退出。变压器中性点接地方式倒换时，可采用切换定值区、投退连接片等方法投退间隙保护。变压器停送电操作，临时中性点接地时，可不改变间隙保护投退状态。

（5）某侧电压互感器停运或断路器停电等造成变压器某侧二次失去电压，或因其他原因导致某侧电压异常的，退出变压器保护该侧的电压。

（6）变压器保护跳母联及分段断路器、跳并网线、闭锁备自投连接片的投退应与相应的一次运行方式相适应。

（7）变压器非电量保护按运检部门及设备所属单位的规定投停。非电量保护不启动失灵保护。

§2-21　变压器差动保护动作原因有哪些？应检查哪些设备？

答：变压器差动保护动作的原因有：

（1）变压器套管或引出线故障。

（2）变压器避雷器或引出线故障。

（3）主进断路器变压器侧隔离开关故障。

（4）主进断路器电流互感器故障。

（5）低压侧母线排或穿墙套管故障。

（6）低压侧断路器或限流电抗器故障。

（7）变压器内部短路故障。

（8）直流回路两点接地或二次线碰接引起的保护误动。

（9）差动保护的电流互感器开路或短路引起的保护误动。

（10）差动保护本身元件损坏、误整定、错接线等原因引起的保护误动。

变压器差动保护动作后，应检查变压器主进断路器之间的所有设备，包括变压器本体、套管、避雷器、电流互感器、变压器侧隔离开关以及所有设备的引线等，如果主进断路器不在差动保护动作范围内，由于断路器跳闸，也应对其进行检查。

§2-22　为什么将变压器低压侧断路器纳入到变压器差动保护范围内？

答：实际运行中 10～35kV 断路器可靠性不高，断路器在切除短路故障中发生爆炸的事件时有发生，如果变压器低压侧断路器未纳入到变压器差动保护范围内，当断路器发生爆炸，在低压侧母线未配置母线保护情况下，则只能靠变压器后备保护动作跳开三侧断路器后将故障切除，由于变压器后备保护动作时间较长，故障电流容易造成变压器绝缘损坏甚至绕组变形，因此按照反措要求要将变压器低压侧断路器纳入变压器差动保护范围之内。

§2-23　变压器差动保护遇到哪些情况时应退出？

答：（1）发现差流不合格。

（2）装置异常或故障。

（3）差动保护任何一侧电流互感器回路有工作。

（4）电流互感器二次回路断线。

（5）旁路断路器转代变压器断路器，倒闸操作可能引起差动保护出现差流。

（6）其他影响保护装置安全运行的情况发生。

§2-24　并列运行变压器部分中性点接地时，其接地保护如何配置？

答：目前大电流接地系统普遍采用分级绝缘的变压器，当变电站由 2 台及以上的分级绝缘变压器并列运行时，通常只考虑一部分变压器中性点接地，而另一部分变压器的中性点则经间隙接地运行，以防止故障过程中所产生的过电压破坏变压器的绝缘。为保证接地点数目的稳定，当接地变压器退出运行时，应将经间隙接地的变压器转为接地运行。由此可见，并列运行的分级绝缘的变压器同时存在接地和经间隙接地两种运行方式。为此应配置中性点直接接地零序电流保护和中性点间隙接地保护。

当变电站的母线或线路发生接地短路，若故障元件的保护拒动或断路器拒动，则中性点接地变压器的零序电流保护动作将母联断路器断开，如故障点在中性点经间隙接地的变压器所在的系统中，此局部系统变成中性点不接地系统，此时中性点的电位将升至相电压，分级绝缘变压器的绝缘会遭到破坏，中性点间隙接地保护的任务就是在中性点电压升高至危及中性点绝缘前，可靠地将变压器切除，以保证变压器的绝缘不受破坏。

§2-25　220kV 变压器后备保护动作过程是什么？

答：高压侧后备保护：

（1）复合电压闭锁过流延时跳本变三侧断路器。复压元件取三侧并联，用外附 TA。不带方向。

（2）零序方向过流Ⅰ段延时跳本变三侧断路器，用外附 TA，方向指向变压器。零序方向过流Ⅱ段延时跳本变三侧断路器，用中性点 TA，不带方向。

（3）间隙零流取自中性点间隙 TA，零压取外接开口三角电压，间隙保护 0.5s 跳本变三侧断路器。

中压侧后备保护：

（1）复合电压闭锁过流Ⅰ段第一时限跳 110kV 母联断路器，第二时限跳本变本侧断路器，第三时限跳本变三侧断路器。复压元件取三侧并联，用 110kV 侧外附 TA，不带方向。

（2）零序方向过流Ⅰ段、零序过流Ⅱ段第一时限跳 110kV 母联断路器，第二时限跳本变本侧断路器，第三时限跳本变三侧断路器，用中性点 TA，方向指向母线。零序Ⅲ段延时跳本变三侧断路器，用中性点 TA，不带方向。

（3）间隙零流取自中性点间隙 TA，零压取外接开口三角电压，间隙保护 0.5s 跳本变三侧断路器。

（4）相间阻抗不经振荡闭锁，方向指向 110kV 母线。第一时限跳 110kV 母联断路器，第二时限跳本变本侧断路器，第三时限跳本变三侧断路器。

低压侧后备：复压闭锁过流保护Ⅰ段、Ⅱ段第一时限跳低压侧分段断路器，第二时限跳本变本侧断路器，第三时限跳本变三侧断路器。

§2-26　变压器保护装置发“TV 断线”信号时对保护有何影响？应怎样检查处理？

答：对保护的影响：TV 断线后，对应阻抗保护自动退出；零序电压闭锁元件开放；断线侧复合电压闭锁元件不会启动其他侧复合电压闭锁方向过流保护，但断线侧复合电压闭锁方向过流保护根据“TV 断线保护投退原则”控制字选择本侧方向元件和复合电压元件是否满足条件。

检查处理：（1）应立即汇报调度，并现场检查装置面板告警指示灯状态、装置告警报文、装置电压采样值是否正常。

（2）检查保护屏背后及端子箱 TV 二次小开关是否跳闸，如确实由二次小开关跳闸引起，则试合一次 TV 二次小开关。

（3）试合一次 TV 二次小开关跳开，则检查电压二次回路有无明显接地、短路、接触不良现象。

（4）无法处理时应联系检修人员，并立即汇报调度，申请退出变压器保护断线侧电压投入压板。如信号能复归，也要通知检修人员尽快查明原因。

§2-27　变压器保护装置发“TA断线”信号时对保护有何影响？应怎样检查处理？

答：对保护的影响：TA断线后，可通过“TA断线闭锁差动保护”控制字选择是否闭锁差动保护。当控制字置“0”时，表示“不闭锁”，即只要差动电流大于差动启动电流定值，差动保护就动作；当控制字置“1”时，表示“有条件闭锁”，即当差动电流大于差动启动电流定值且小于1.2倍额定电流时，差动保护不动作，当差动电流大于1.2倍额定电流，则差动保护动作。

检查处理：（1）应立即汇报值班调度，现场检查装置面板告警指示灯状态、装置告警报文、装置电流采样值是否正常。

（2）检查电流回路各个接线端子、线头是否松脱，连接片是否可靠，有无放电、烧焦现象（应注意可能产生的高电压）。

（3）无法处理时应联系检修人员，并立即汇报调度员，申请设备停电或退出保护。如信号能复归，也要通知检修人员尽快查明原因。

§2-28　纵联保护投入退出时应注意什么？

答：（1）线路两侧纵联保护功能应同时投入，先投入两侧保护的通道设备，包括光电数字接口等通道接口设备及通道加工设备；确认通道正常后，再投入两侧相应的保护。

（2）纵联差动保护在通道路由切换过程中，无特殊要求可不退出。

（3）下列情况可仅退出线路两侧纵联保护功能：

1）转代方式下通道不能进行切换。

2）构成纵联保护的通道中某一环节出现异常，可能造成纵联保护误动的。

3）对侧需关闭闭锁式纵联保护（包括保护装置、收发信机）的直流电源时等。

（4）线路纵联保护一侧装置异常退出，若确系本侧异常时，对侧可仅退出纵联功能；否则对侧对应的线路保护装置应退出。

§2-29　距离保护为什么要加装振荡闭锁功能？

答：系统发生振荡时可能引起距离保护误动，因此增加振荡闭锁功能，当系统中发生振荡时闭锁距离保护，而当系统中发生短路时，无论是否振荡均开放保护，允许距离保护动作切除故障。

§2-30　双母线接线方式中，操作母线侧隔离开关后为什么要检查对应保护装置二次回路切换？

答：对于线路保护或变压器保护，两条母线电压互感器二次电压分别经–1、–2隔离开关辅助触点引入线路保护或变压器保护装置，如图2-1所示，–1或–2隔离开关辅助触点分合状态应与对应隔离开关的实际位置一致，将对应母线电压互感器二次电压引入到装置中。当操作–1或–2隔离开关后，应检查对应隔离开关辅助触点发生相应变位，即检查线路保护或变压器保护屏上对应的电压切换灯的亮灭变化。

对于母线保护，将–1、–2隔离开关辅助触点引入到母线隔离开关模拟盘，根据隔离开关辅助触点分合状态确定各支路连接在哪条母线上，进而决定各支路电流分别计入哪条母线的小差，以及母线保护动作后选择跳闸开关，如图2-2所示。当操作–1或–2隔离开关后，应检查对应隔离开关辅助触点发生相应变位，即母线隔离开关模拟盘上对应的指示灯的亮灭变化。

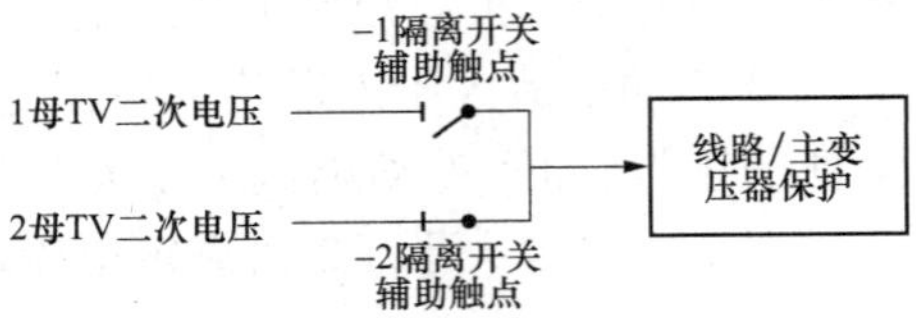

图2-1　线路或变压器间隔电压切换回路

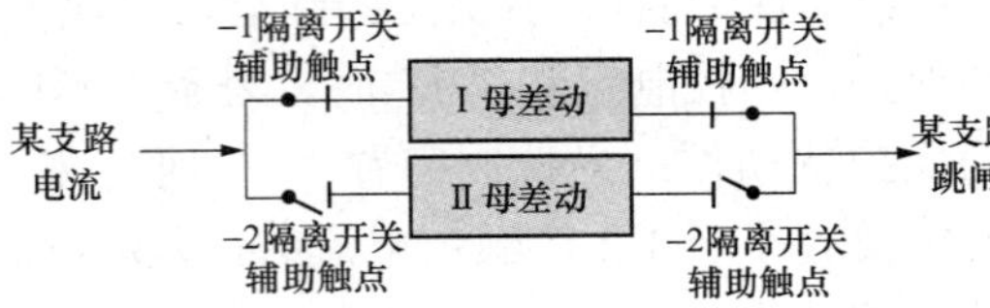

图2-2　母线隔离开关模拟盘二次切换回路

§2-31　线路保护装置发“TV断线”信号时对保护有何影响？应怎样检查处理？

答：对保护的影响：TV断线后，距离保护自动退出；自动投入TV断线相过流保护、TV断线零序过流保护（要求距离、零序保护功能压板投入状态）；零序方向过流保护各段自动退出或开放方向元件。

检查处理：（1）应立即汇报调度，并现场检查装置面板告警指示灯状态、装置告警报文、装置电压采样值是否正常。

（2）现场检查线路保护屏及电压互感器端子箱TV二次小开关是否跳闸、–1或–2隔离开关辅助触点切换是否正常，如确实由二次小开关跳闸引起，可试合一次。如果试合不成功，则检查电压二次回路有无明显接地、短路、接触不良现象，无法处理时联系检修人员进行检查处理。

§2-32　线路保护装置发“TA断线”时对保护有何影响？应怎样检查处理？

答：对保护的影响：TA断线后，装置自动闭锁零序差动保护；自动闭锁零序各段或开放其方向元件。通过“TA断线闭锁差动保护”控制字，选择闭锁或不闭锁断线相差动保护。当控制字置“1”时，表示TA断线闭锁差动保护；当控制字置“0”时，表示TA断线，且差动电流小于“TA断线差流定值”时闭锁差动保护，当差动电流大于“TA断线差流定值”时不闭锁差动保护。

检查处理：（1）应立即汇报值班调度，检查装置面板告警指示灯状态、装置告警报文、装置电流采样值是否正常。

（2）现场检查电流互感器及二次回路，包括TA本体及二次接线盒、端子箱、线路保护屏接线有无松动，连接片是否可靠，有无放电、烧焦现象（应注意可能产生的高电压，做好安全防护措施）。

（3）无法处理时应联系检修人员，并立即汇报调度员，申请设备停电或退出保护。如信号能复归，也要通知检修人员尽快查明原因。

§2-33　线路保护装置发“通道异常”信号时，应如何处理？

答：检查装置的实际情况，对保护装置进行信号复归。若信号不能复归，则应立即汇报调度，申请将线路保护的差动部分退出，如有远跳压板，还应将远跳压板断开。

§2-34 某220kV线路在4s内发生了两次单相瞬时接地故障，为什么第二次断路器直接三跳？如何区分单相永久性故障和重复性故障？

答：发生第一次单相瞬时故障时，重合闸动作，为了保证只重合一次，重合闸放电。断路器重合成功后，重合闸开始充电，需要15s左右的时间。4s后发生第二次单相瞬时故障，此时重合闸尚未充好电，闭锁重合闸，因此任何故障均沟通三跳。

单相永久性故障线路保护装置只有一次动作报告，且断路器重合后保护立即动作，除了主保护动作外，还会有后加速保护动作。重复性故障，若两次故障间隔时间超过保护整组复归时间（不同厂家略有差别，通常在6～10s之间）又少于重合闸充电时间，则线路保护装置有两次动作报告，若两次故障间隔时间小于保护整组复归时间，在保护装置动作报告的波形图中也能看出，断路器重合后有一段时间波形正常，说明重合成功。

§2-35 断路器非全相保护作用是什么？是如何配置的？

答：采用分相操作机构进行分相操作的断路器在运行中会出现三相不同时合闸（即三相不一致）的异常状况，因三相不一致引起的零序、负序电流，将对系统产生不利影响，甚至引起保护及自动装置误动。为减小断路器三相不一致时对系统造成的危害，应装设断路器非全相保护，将出现三相不一致的断路器退出运行，保证系统的正常运行。

《国家电网公司十八项电网重大反事故措施》要求220kV及以上电压等级的断路器均应配置断路器本体的非全相保护。断路器本体非全相保护采用三相断路器常闭辅助触点并联及常开辅助触点并联，之后再串联启动时间继电器，经时间继电器延时启动非全相保护继电器，经非全相保护继电器接点接通三相跳闸线圈，以断开仍在运行的其他相断路器。根据继电保护双重化配置的反措要求，非全相保护也应实现双重化配置。非全相保护的动作时间应按大于断路器单相跳开后等待单相重合闸的时间来整定。

§2-36 断路器非全相保护若采用磁保持继电器，检修后送电前应注意什么？

答：断路器检修过程中，分相分合断路器可造成非全相保护动作，若断路器非全相保护采用磁保持继电器，该磁保持出口继电器保持在动作位置，不能自动复归，在断路器送电前如没有将其手动复归，断路器将一合即跳。断路器检修后送电前应按下断路器汇控柜内非全相保护手动复归按钮，将其复归。复归时应确保断路器控制开关（保险）在合位，这样给非全相出口继电器一个反向电流，使该继电器复归。如没有合控制电源，复归无效。

§2-37 三端光差的线路保护，线路任意一端停电时，保护应如何投退？

答：三端系统，电流差动保护只有三侧差动连接片均处于投入状态时才能动作，三侧连接片互为闭锁。三端系统的差动保护，要求任一侧收到另外两侧数据后，才能动作出口。若三侧连接片投入状态不一致，装置会报告“差动连接片不一致”。

（1）若电源侧停电，另外两侧均应将断路器拉开，此时保护按照工作要求正常投退出口连接片。

（2）若非电源侧停电，任意一端断路器停电且线路保护有工作时，应将运行的两端线路保护装置中“三端差动投入”连接片断开，投入“两端光差投入”连接片；若线路保护没有工作时，则三端光差继续运行。

§2-38 三端光差的线路保护任意一端发“通道异常”或“通道告警”时应如何处理？

答：三端系统的接线方式如图2-3所示。

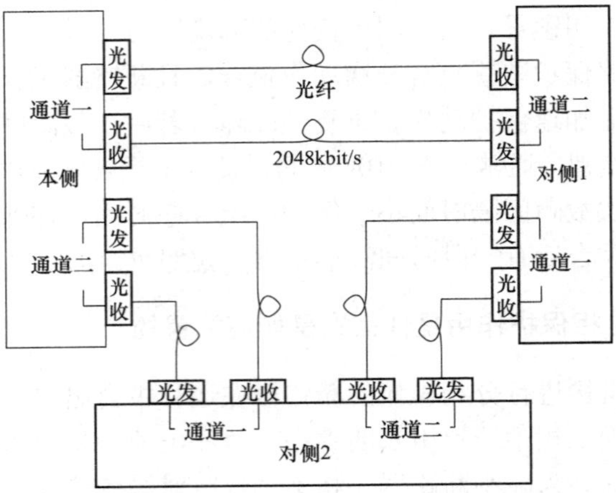

图2-3 三端系统的接线方式

（1）当任一端发通道告警时，应检查装置是哪一个通道告警，信号能否复归。

（2）若信号不能复归，则应将现场通道异常情况汇报调度，同时联系保护人员到现场处理。

（3）三侧差动保护方式，三侧装置之间三个通道全部投入情况下，当一个通道异常时，装置告警，由能接收三侧采样数据的一侧装置进行差动计算，另两侧装置根据该侧的跳闸信息可直接跳闸；所以此种情况下不需要退出保护。

（4）三侧差动保护方式下，当两个通道异常时，装置告警，闭锁差动保护。

（5）两侧差动方式下，装置仅检测该组通道的通道状态，通道异常时，闭锁线路两侧差动保护。

§2-39 什么情况下闭锁重合闸？

答：在正常运行和发生短路故障时不允许重合的情况下，重合闸应立即放电，闭锁重合闸。保护装置出现下列情况时应闭锁重合闸：

（1）手动或遥控操作断路器分闸时。

（2）母线保护动作时。

（3）失灵保护动作时。

（4）变压器、线路并联电抗器等设备的保护动作跳闸时。

（5）使用单重方式而保护三跳时。

（6）重合闸充电未满，跳闸位置继电器TWJ动作或有保护启动重合闸信号开入时。

（7）重合闸方式把手在停用位置时。

（8）闭锁重合闸连接片投入时。

（9）双母线接线沟通三跳连接片投入时。

（10）有断路器压力低闭锁重合闸信号时。

（11）线路保护操作箱一体的断路器控制回路断线时。

§2-40　什么情况下退出重合闸？

答：（1）运行方式改变，电网不允许重合闸时。

（2）重合可能造成系统之间或系统与发电机之间非同期并列时。

（3）断路器本身不允许重合时。

（4）旁路断路器转代不允许重合的设备（如变压器）时。

（5）线路零起升压时。

（6）线路上有人员带电作业要求停用时。

（7）重合闸检定（检无压、检同期、检有压等）回路的电压互感器、耦合电容器等设备停用或回路异常时。

（8）全电缆线路或不允许重合的混合线路。

（9）其他不允许重合的情况。

§2-41　重合闸出口和重合闸投入连接片的作用有何不同？

答：重合闸出口连接片串联了重合闸动作接点后接入断路器控制回路，接保护装置的输出回路。重合闸投入连接片属于功能连接片，决定保护装置中的重合闸功能是否投入工作，接保护的开入回路。

§2-42　保护装置什么情况下会发“沟通三跳”命令？“沟通三跳”连接片的作用是什么？

答：当保护装置收到任何保护的跳闸命令时又发现线路有电流，同时满足下述任一条件时，保护发沟通三跳命令跳本断路器。

（1）重合闸在未充好电状态。

（2）重合闸为三重方式。

（3）重合闸停用。

不同保护装置的“沟通三跳”连接片作用有所不同，具体如下：

（1）南瑞线路保护装置“沟三闭重开入连接片”有两个作用，一是闭锁重合闸；二是沟通三跳，即当该连接片投入，线路任一相故障跳闸且任一相有电流，则线路保护三相跳闸，逻辑如图 2-4 所示。

（2）3/2 接线的断路器保护装置有“沟三接点出口连接片”、“沟三接点旁路压板”两种连接片。

1）“沟三接点出口连接片”正常应在投入位置，当重合闸置三重方式或充电未完成时，沟通三跳输出接点 GST1～GST4 闭合，将断路器分相跳闸回路勾通在一起，实现任何故障三相跳闸，如图 2-5 所示。

2）“沟三接点旁路连接片”，与断路器保护沟通三跳输出接点 GST 是并联关系，如图 2-6 所示。

（3）3/2 接线线路保护装置的“沟三接点投入连接片”，与断路器保护沟通三跳输出接点 GST 是串联关系，如图 2-6 所示。当该连接片投入且 GST 接点闭合（或沟三接点旁路连接片投入）时，线路任何故障都将启动三跳继电器 TJQ，实现断路器三相跳闸。

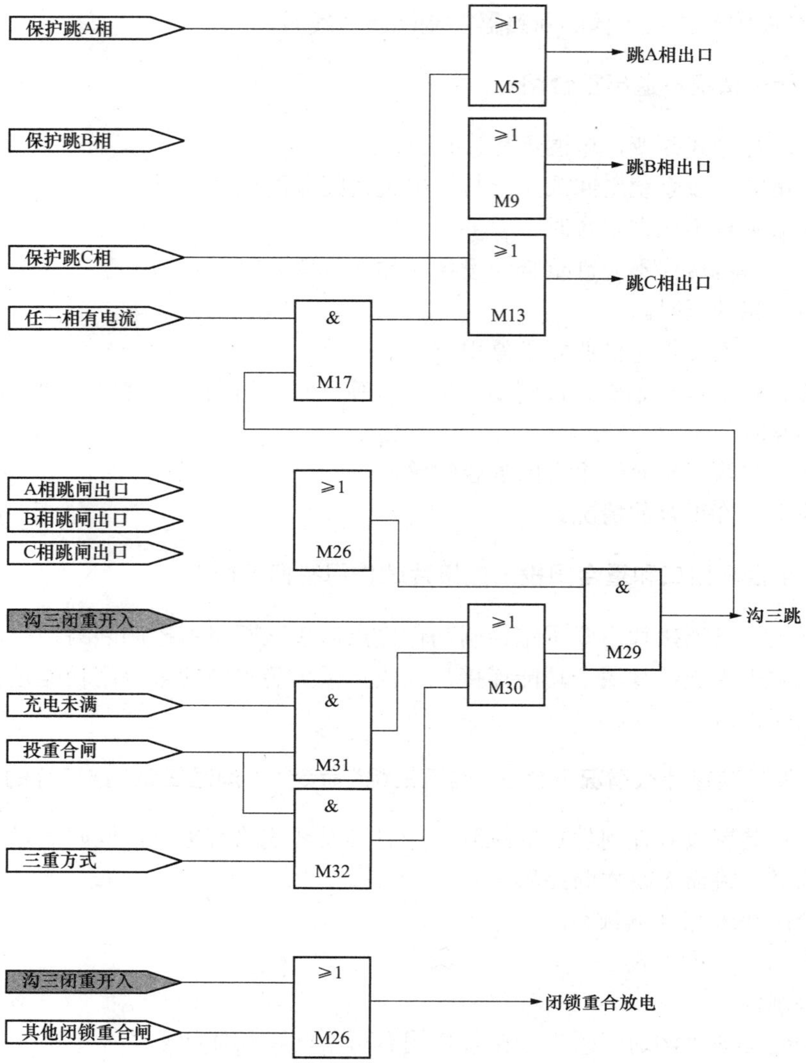

图 2-4 沟三闭重开入逻辑图

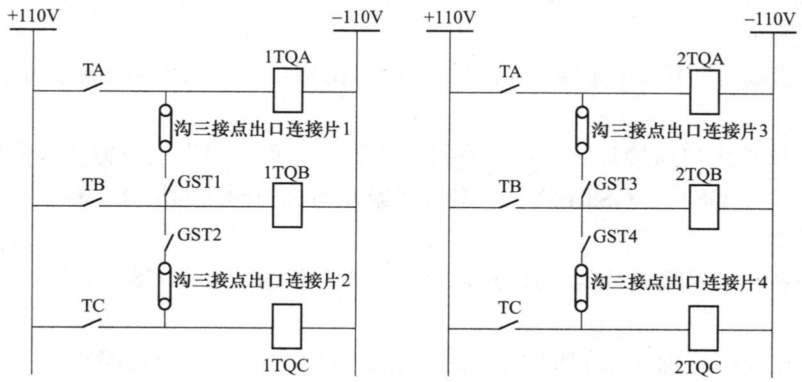

图 2-5 沟三接点出口连接片接线图

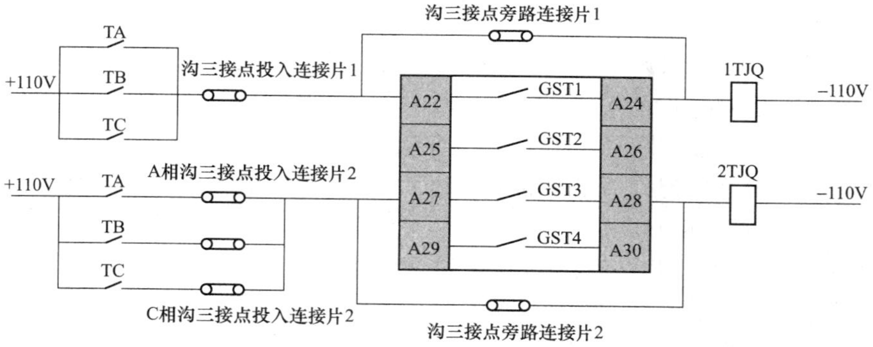

图 2-6 沟三接点旁路连接片、沟三接点投入连接片接线图

§2-43 220kV 双母线接线的远跳功能的作用是什么？

答：对于 220kV 双母线接线，为了在某条线路 TA 与线路断路器之间发生故障或母线上发生故障，某线路断路器拒动时快速切除故障，增加远跳功能，即当母差保护或断路器失灵保护动作后，除了跳开本站母线上各断路器外，还会给跳闸母线上各线路对侧断路器发跳闸命令。具体实现过程是，将本侧母差保护、失灵保护动作后启动的永跳继电器的接点，引入线路光纤纵联差动保护，保护动作后经过线路光纤纵联差动保护远跳压板向对侧发“远跳”信号，对侧收到该信号后再经相关就地判据给线路断路器发三相跳闸命令。

§2-44 双母线接线方式，母差保护、断路器失灵保护加装复合电压闭锁有什么作用？两者复压闭锁元件为什么定值不同？

答：为了提高母差保护、断路器失灵保护的可靠性，防止由于差动元件误动或失灵启动元件误动造成整条母线停电，所以加装复合电压闭锁元件。

母差保护反映的是母线故障，故障点位于母线或母线出口处，母线电压变化较大；断路器失灵保护反映的是越级故障，需要考虑故障点位于线路末端或变压器中低压侧的情况，此时故障对母线电压影响较小，与母差保护的复合电压定值相比，断路器失灵保护的复合电压定值应更灵敏，即低电压定值较大，零序电压和负序电压定值较小。

§2-45 母线保护装置出现“TV 断线”信号时对保护有何影响？应怎样处理？

答：对保护的影响：TV 断线会开放对应母线的复合电压闭锁元件，但不闭锁母差保护，因此可不停用母差保护。

检查处理：（1）应立即汇报调度，并现场检查装置面板告警指示灯状态、装置告警报文、装置电压采样值是否正常。

（2）若仅有母线保护装置发 TV 断线信号，应检查母线保护屏 TV 二次小开关是否跳闸。如确实由二次小开关跳闸引起，可试合一次。如果试合不成功，则检查电压二次回路有无明显接地、短路、接触不良现象，无法处理时联系检修人员进行检查处理。

（3）若各线路保护或变压器保护装置也同时发 TV 断线信号，则应检查电压互感器端子箱至电压转接屏的公共回路。

§2-46 母线保护发"TA断线"信号时对保护有何影响？应怎样检查处理？

答：对保护的影响：（1）当母联或分段支路发生TA断线，装置不闭锁母差保护，但母差保护自动转入母线互联状态。

（2）当线路或变压器支路发生TA断线，差动电流大于TA告警值时，装置只发"TA异常"信号，不闭锁母差保护；当差动电流大于TA断线值，装置会自动闭锁断线相母差保护元件，并发"TA断线"信号。

检查处理：（1）应立即汇报值班调度，检查装置面板告警指示灯状态、装置告警报文、装置电流采样值是否正常。

（2）现场检查断线间隔TA及二次回路，包括TA本体及二次接线盒、端子箱、母线保护屏接线有无松动，连接片是否可靠，有无放电、烧焦现象（应注意可能产生的高电压，做好安全防护措施）。

（3）无法处理时应联系检修人员，并立即汇报调度员，申请设备停电或退出保护。如信号能复归，也要通知检修人员尽快查明原因。

§2-47 以图2-7为例，简述双母线接线断路器失灵保护的动作过程。

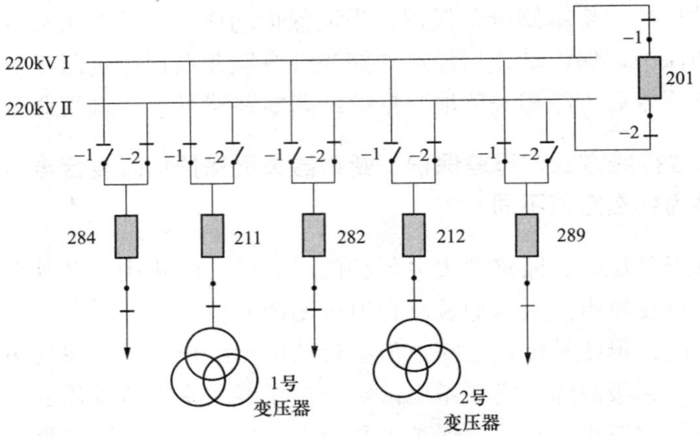

图2-7 某变电站220kV双母线接线

答：（1）282线路故障，282线路保护动作，给282发跳闸命令，如果282拒动，则启动断路器失灵保护，第一个延时跟跳282断路器，若282断路器仍然跳不开，第二个延时跳212、284、201，同时给284、282线路对侧断路器发远跳命令。

（2）2号变压器故障，2号变压器差动保护动作，给三侧断路器发跳闸命令，如果高压侧212断路器拒动，则启动断路器失灵保护，第一个延时跟跳212断路器，若212断路器仍然跳不开，第二个延时跳282、284、201，同时给282、284线路对侧断路器发远跳命令。

（3）2号母线发生故障，母差保护动作，给212、282、284、201发跳闸命令，同时给282、284线路对侧断路器发远跳命令。如果212断路器拒动，则启动断路器失灵保护，第一个延时跟跳212断路器，若212断路器仍然跳不开，第二个延时跳2号变压器中低压侧断路器。

§2-48　正常运行时，母线保护发“隔离开关位置变位”告警时如何处理？

答：现场检查母线保护模拟盘隔离开关位置显示是否与实际位置一致，若不一致，应操作模拟盘上的强制开关使其对应，并予以确认。同时汇报调度并通知检修人员立即检查处理。等待处理过程中一般不需退出母线保护。

§2-49　哪些情况下需要投入母线互联方式？哪些情况下不应投入？哪些情况下母线保护装置自动切至互联方式？

答：（1）需要投入母线互联方式的情况包括：

1）采用隔离开关跨接两条母线运行时。

2）热倒母线时。

3）母联或分段断路器分闸闭锁。

4）母联 TA 二次回路有工作时。

（2）不应投入母线互联方式的情况包括：

1）用母联断路器向空母线充电时。

2）单母线运行时。

3）由母联断路器串带被充线路断路器时。

（3）母线保护装置自动切至互联方式的情况包括：

1）隔离开关跨接两条母线运行时。

2）母联或分段支路发生 TA 断线。

§2-50　什么情况下需要投入母线保护的“分列运行”连接片？投入此连接片对保护有何影响？

答：母联（分段）断路器冷备用或检修，母线分列运行时，对应的母线保护应投入母线分列运行方式。分列运行连接片应在母联（分段）断路器操作完毕后投入，在母联（分段）断路器恢复热备用前退出。投入分列运行连接片主要是为了防止母联断路器检修或对其做传动试验时频繁分合断路器，母线保护采集母联断路器的位置量可能影响母线保护的正常运行。

不同型号母线保护装置投入“分列运行”或“母联检修状态”连接片作用也不同，具体如下：

（1）对于 BP-2B 母线保护装置，装置判母线为分列运行时，大差比率差动元件自动采用比率制动系数低值，防止母联断路器断位时，弱电电源侧母线发生故障时大差比率差动元件的灵敏度不够；并自动封母联 TA，母联 TA 电流不再计入小差回路。装置可通过自动和手动两种方式判别母线是否处于分列运行状态，自动方式是装置引入母联断路器的辅助触点进行判断，手动方式是通过投退“分列运行”连接片，其中连接片判断优先级最高，即若投入“分列运行”连接片，装置判定母线分列运行，若退出此连接片，则装置根据母联断路器辅助触点状态判定母线运行状态。

（2）对于 BP-2CS 母线保护装置，分列连接片与母联跳闸位置开入均为 0 时，大差比率制动系数采用高值；任一为 1 时，自动转用低值。当两者均为 1 时，封母联 TA；任一为 0 时，不封母联 TA。

（3）对于 RCS-915 母线保护装置，“母联检修状态”连接片与母联跳闸位置开入并联。当该连接片投入或母联在分位，装置自动转用比率制动系数低值。同时为防止母线分列运行时发生死区故障将母线全切除，当两母线都有电压、母联无流且母联在分位（或投入母联检修状态连接片）时，封母联 TA。

此外，“六统一”微机型母线保护设计规范明确要求，取消分列运行硬连接片，改为软连接片；分列运行连接片与母联跳闸位置，两者都为 1 时，封母联 TA；任一为 0，母联 TA 电流接入小差。

§ 2-51 电压并列装置运行中需要注意哪些事项？

答：（1）电压并列装置的并列把手正常时不得运行在“并列”位置，以防止电压互感器反充电。

（2）特殊方式需运行在“并列”位置，应在现场运行规程中明确：比如 110kV 变电站为内桥接线且只有线路电压互感器，110kV Ⅰ、Ⅱ号母线并列把手正常时就运行在“并列”位置，此种接线方式在电压并列回路中除判断电压并列把手位置以外，还要判断母联断路器位置以及两条母线侧隔离开关位置。

§ 2-52 电容器需配置哪些保护？

答：（1）熔断器：当单台电容器内部绝缘损坏击穿以及其引出线上发生短路故障时，利用熔断器熔断切除故障电容器。

（2）二段定时限过流保护（三相式）：接在电容器组断路器回路的电流互感器二次侧，分为限时电流速断和过电流两段保护，主要反应电容器组与断路器之间连接线以及电容器组内部连接线上的相间短路。

（3）低电压保护：当电容器失去电源，由低电压保护切除电容器，并闭锁 AVC 装置，防止电容器未经放电而电源恢复，造成带剩余电荷合闸，引起电容器过电压、过电流。

（4）过电压保护：当检测到电容器所在母线的任一线电压大于定值时，切除电容器，防止电容器长时间承受过电压造成损坏。

（5）不平衡电压（电流）保护：当一组电容器中个别电容器故障被切除或击穿短路，其他正常电容器的电压分配比例会发生变化，引起部分电容器端电压升高，通过检测一组电容器中健全部分与故障部分之间电流或电压的差异，构成不平衡保护。

§ 2-53 故障录波器运行注意事项有哪些？

答：（1）设备正常运行时，各状态指示灯应正常，故障告警灯应不亮，装置应显示时间或录波次数。

（2）不要随意操作电源开关和复位按钮。

（3）设备出现异常时，将发出故障告警，运行人员应通知继电保护人员。

（4）装置录波后及时打印事故报告。

§ 2-54 对备用电源自动投入装置有哪些要求？

答：（1）工作电源无论因什么原因消失时，备自投装置都应启动。

（2）失去工作电源后，自动投入装置只允许备用电源断路器动作一次。

（3）工作电源断路器未断开前或备用电源无压时，备用电源断路器不应投入。

（4）应有电压互感器二次回路断线的闭锁功能，当电压回路异常失压时，备自投装置不应误动。

（5）若备用电源自投装置动作后投在故障点上，则要求它能快速、有选择地将投入的备用电源断开，以确保无故障设备继续运行。

（6）当变电站变压器或母线发生故障时或手动操作时，备自投装置不应动作。

§2-55　以图 2-8 为例，简述内桥接线的变电站桥自投和进线自投的动作逻辑。

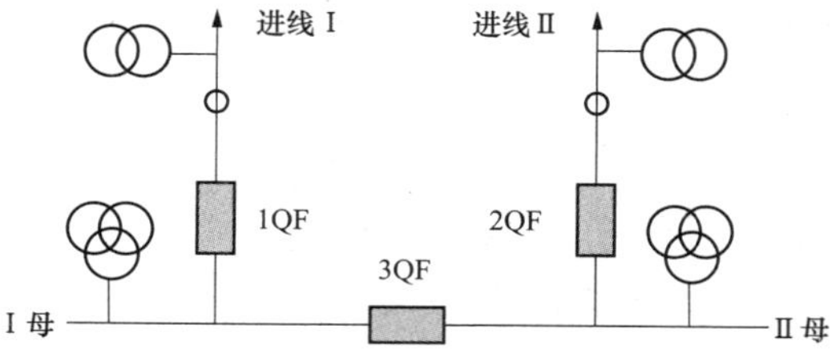

图 2-8　内桥接线方式

答：（1）进线自投方式逻辑图如图 2-9 所示。

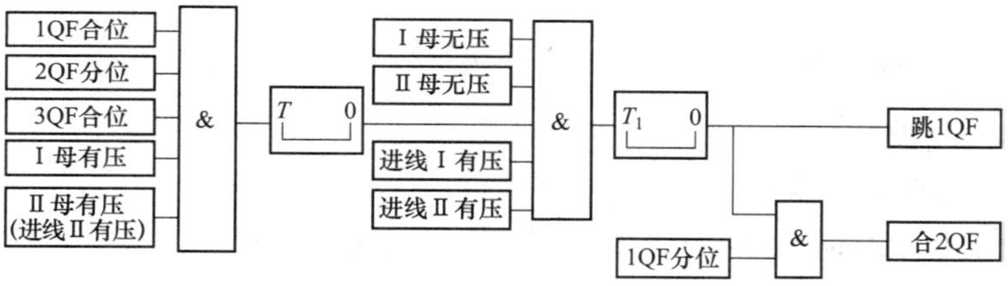

图 2-9　进线自投方式逻辑图

1）充电条件：备自投功能连接片投入；Ⅰ、Ⅱ段母线和备用进线有压；1QF、3QF 合位，2QF 分位（或 2QF、3QF 合位，1QF 分位）。上述条件均满足后，经一段延时，充电完成，为备自投动作逻辑做好准备。

2）动作条件及结果：

方式 1：Ⅰ、Ⅱ段母线电压降低，进线Ⅰ电流消失，线路Ⅱ有压满足条件，经延时跳开 1QF，1QF 跳开后，合上 2QF。

方式 2：Ⅰ、Ⅱ段母线电压降低，进线Ⅱ电流消失，进线Ⅰ有压满足条件，经延时跳开 2QF，2QF 跳开后，合上 1QF。

（2）桥自投方式逻辑图如图 2-10 所示。

1）充电条件：备自投功能连接片投入；Ⅰ、Ⅱ段母线均有压；1QF、2QF 合位，3QF 分位。上述条件均满足后，经一段延时，充电完成，为备自投动作逻辑做好准备。

2）动作条件及结果：

方式 3：Ⅰ段母线电压降低，进线Ⅰ电流消失，Ⅱ段母线有压、2QF 合位满足条件，经延时跳开 1QF，1QF 跳开后，合上 3QF。

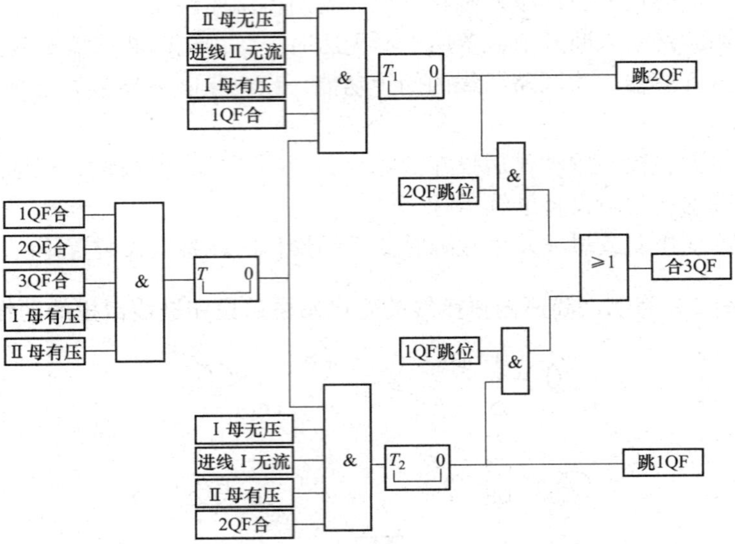

图 2-10　桥自投方式逻辑图

方式 4：Ⅱ段母线电压降低，进线Ⅱ电流消失，Ⅰ段母线有压、1QF 合位满足条件，经延时跳开 2QF，2QF 跳开后，合上 3QF。

§2-56　备用电源自动投入装置闭锁有哪几种原因？

答：（1）保护闭锁备自投：

1）内桥接线桥断路器自投方式时，变压器保护动作跳高压侧断路器时闭锁高压侧备自投；桥接线进线互投方式时，备用线路对应变压器保护动作跳高压侧断路器时闭锁高压侧备自投。

2）单母分段接线母线配有母差保护的，母差保护动作闭锁本侧备自投。

3）变压器中、低侧后备保护跳本侧断路器时闭锁本侧备自投。

（2）手动遥控断路器闭锁本侧备自投。

（3）备用电源无电压。

（4）自投方式与一次运行方式不对应时。

§2-57　什么情况下需要退出备自投装置？

答：（1）装置内部故障或程序错误，自检错误告警等。

（2）外部交流输入回路 TA、TV 异常或断线。

（3）电压、电流二次回路上有工作。

（4）备自投装置进行定值修改。

（5）直流系统发生严重接地，影响备自投装置正常运行。

（6）备用电源短路或消失。

（7）主供电源断路器停运。

（8）备自投电源线路所连接的母线停电检修或发生故障时。

其中，对于自适应备自投装置，最后三种情况可不退出，装置可自动闭锁。

§2-58 备自投装置投退顺序有哪些要求?

答:(1)装置投运时,先投入交流电源,后投入直流电源。因为工作电压消失是备自投动作的一个重要判据,装置投运时先将系统的交流电压接入,再投入装置的直流电源,防止装置因交流电压未接入而误动作。

(2)投入出口连接片时,先投合闸断路器的合闸连接片,后投跳闸连接片,退出时顺序相反。如果先投入跳闸连接片,此时装置误动作,会把工作电源断路器跳开,但合闸连接片未投,备用电源断路器不能合上,造成误停电。

(3)若备自投功能连接片与出口连接片同时投退,一般应先投功能连接片,检查装置无异常信号后,再投出口连接片,退出时顺序相反。

§2-59 备用电源自动投入装置运行中发生异常时应如何处理?

答:(1)备用电源自动投入装置在失压后不动作或断路器合不上,应立即查明原因,检查装置显示是否正常,连接片投退是否正确,断路器是否拒动等,并及时向调度及上级部门汇报。

(2)若运行中出现"交流电压断线"或"直流电源消失"信号,应停用本装置,并检查装置情况,查明原因,予以消除。

(3)若装置正常运行,备自投装置显示没有充电时,在检查备自投装置压板投入正常后,则应联系专业人员到现场检查,并汇报调度。

§2-60 故障解列装置的作用是什么?

答:带地区电源联络线的变电站,当系统故障时跳地区电源联络线,解列地区电源。

§2-61 方式变化时,故障解列装置如何配合投退?

答:(1)内桥接线形式,当一条线路带全站负荷时,应将故障解列装置进行切换,均切换至该线路故障跳开并网线。

(2)内桥接线形式,当一条线路和线路所带变压器停电时,应将故障解列装置切换至运行线路跳所有并网线,同时将停电变压器的跳并网线连接片退出,投入运行变压器跳开所有并网线的连接片。

(3)内桥接线形式,当一台变压器停电,电源线路方式不变时,应将故障解列装置切换至带运行变压器的线路跳所有并网线,同时将停电变压器的跳并网线连接片退出,投入运行变压器跳开所有并网线的连接片。

(4)单母分段形式,线路停电切换方式与内桥接线相同。当变压器停电时应对应投退母差保护上的跳并网线连接片。

§2-62 故障解列装置发生异常及动作时如何处理?

答:(1)发生二次电压回路断线时,应退出故障解列装置,故障排除后方可投入运行。

(2)直流电源或工作指示灯熄灭,应退出故障解列装置,恢复正常后才可投入运行。

(3)故障解列装置动作于断路器跳闸后,运维人员应及时记录装置动作时间、跳闸情况以及母线电压及频率的情况，并及时向调度汇报。

§2-63 低频低压减载装置的运行注意事项有哪些？

答：（1）启用低频（低压）减载装置时，应先投入交流电源，后投入直流电源；停用时顺序与此相反。

（2）需要切换电压互感器时，应先停用低频（低压）减载装置，切换完毕再投入。

（3）巡视检查时应检查二次回路是否完好，工作指示灯是否正常，应投入的连接片是否已投入。

§2-64 低频低压减载装置发生异常或动作后如何处理？

答：（1）发生二次电压回路断线时，应退出低频（低压）减载装置，故障排除后方可投入运行。

（2）直流电源或工作指示灯熄灭，应退出低频（低压）减载装置，恢复正常后才可投入运行。

（3）低频（低压）减载装置动作于断路器跳闸后，运维人员应及时记录装置动作时间、切除负荷情况和频率变化情况，并及时向调度汇报，没有调度指令，所切除的负荷不能送电。

§2-65 过负荷联切装置的运行注意事项有哪些？

答：（1）启用过负荷联切装置时，应先投入交流电源，后投入直流电源；停用时顺序与此相反。

（2）巡视检查时应检查二次回路是否完好，工作指过示灯是否正常，应投入的连接片是否已投入。

（3）变压器停电时，应配合将对应变压器的过负荷联切装置停运。

§2-66 过负荷联切装置运行中发生异常和动作后如何处理？

答：（1）运行中的过负荷联切装置动作断路器跳闸时，运行人员应检查装置动作、断路器跳闸和变压器负荷情况，汇报所属调度，做好记录。

（2）运行中的过负荷联切装置动作跳闸后，应依据调度令进行送电，严禁抢送。

（3）当装置发出异常信号时，检查电流互感器及电压回路若正常，告警信号仍不能复归，先汇报调度，退出跳闸连接片，再通知检修人员。

§2-67 交流不间断电源的作用是什么？

答：为了保证变电站监控后台或其他精密电子设备正常、安全、连续的运行，避免因站用电失压后导致监控后台机数据丢失、程序紊乱以及系统失控等严重后果。

§2-68 交流不间断电源的工作方式是什么？

答：正常时，交流不间断电源由站用电交流电源输入，经装置内部整流和逆变电路输出高品质交流电；站用电消失或异常时，由变电站内的直流系统作输入，经装置逆变后输出交流电。

§2-69　站用电交流消失如何处理？

答：（1）先区分是否由于站用变高压侧失压引起，如高压侧电压消失，应检查处理站用变高压母线失电的故障。

（2）检查站用变高压侧断路器是否跳闸（或高压侧熔断器熔断），如跳闸（或熔断）应检查站用变有无异常，高压侧引线是否短路。高压侧断路器跳闸未查明原因前不得试送电；高压熔断器熔断可将站用变转检修，做好安全措施后更换保险，试送电，再次熔断则应查明原因。

（3）检查工作电源跳闸后备用电源是否已正常切换，若未自动切换应手动切换，保证站用负荷正常供电，再检查处理备自投装置拒动的原因。

（4）如低压分路失电，应检查分路断路器是否跳闸、熔断器是否熔断、引线接头是否烧断以及线路有无断线故障等。当交流配电屏分路开关跳闸时，允许立即强送一次，如不成功，则查明故障原因。

（5）对站内交流电源全部消失进行紧急处理，主要有投入事故照明、监视变压器温度、监视直流系统电压。在站用电失去期间要注意减少直流负荷，检查站内变压器负荷温度，保护运行状况等。站用电恢复时，必须首先尽快恢复变压器强油循环冷却装置和直流充电机电源。

§2-70　如何查找直流接地？

答：（1）直流接地的查找，应先判明故障的极性，利用直流绝缘监测装置判明是正极接地还是负极接地和哪一段母线接地。然后初步分析接地原因，是由于天气影响还是站内二次回路有人工作导致，若有人工作，应立即停止，检查接地现象是否消失。

（2）检查绝缘监测装置检测出的接地支路是否正确。

（3）若绝缘监测装置所报支路不正确，则需要采取拉路法进行查找。

（4）首先查找双电源配置的回路，将两段母线的联络开关合上，使两条母线并联，此时将另一段母线上的馈线开关合上，断开接地母线上的馈线开关，断开母线联络开关，观察接地是否转移至另一段母线，来判断该回路有无接地。若无接地应倒回原运行方式。

（5）对于只有一个电源的回路，则采用直接拉路法检查，但若影响到保护及自动装置运行的，应向调度申请退出保护后再进行拉路。

（6）查出接地回路后应恢复回路运行，再分别断开该回路所带设备的直流电源开关，找出接地点。

（7）若未查出接地回路，应汇报上级部门，联系专业人员进行查找。

§2-71　用拉路法查不到接地点可能的原因有哪些？

答：（1）直流接地发生在充电设备、蓄电池本身和直流母线上。

（2）当直流采取环网供电方式时，如不首先使环网解列，不能找到接地点。

（3）发生直流串电（寄生回路）、同极两点接地、直流系统绝缘不良多处虚接地等情况，在拉路查找时，往往不能一下全部拉掉接地点，因而仍然有接地现象存在。

§2-72　为什么交直流回路不能共用一条电缆？

答：因为交流、直流回路是各自的独立系统，直流回路是绝缘系统，而交流回路则是接地系统。因此交直流回路不能共用一条电缆。若共用一条电缆，两者之间容易发生短路或发生互相干扰，降低直流回路电阻。

§2-73 直流正、负极接地对运行有哪些危害？

答：直流系统发生正极接地有造成断路器误跳闸的可能，因为跳闸线圈通常都接于负极电源，倘若这些回路再发生接地或绝缘不良，就会引起断路器误跳闸；直流系统负极接地时，如果回路中再有一点发生接地，就可能使跳闸或合闸回路短路，造成断路器拒动，或烧毁继电器，或使熔断器熔断等。

如图 2-11 所示，图中 A 点发生一点接地，如果再发生 B 点或者 D 点接地，就会造成断路器误跳闸，其中 D 点接地时同时发保护动作信号；如果 C 点再发生接地，+WC、−WC 通过大地形成短路回路，可能会使熔断器 FU1 和 FU2 熔断失去控制电源。

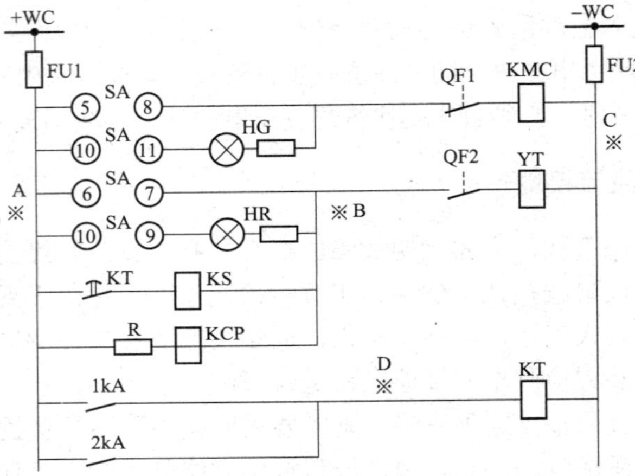

图 2-11 断路器分合闸控制回路图

当 C 点发生一点接地，如果再发生 B 点或 D 点接地，即使保护正常动作，YT 跳闸线圈也不会启动，断路器就不会跳闸，或烧毁继电器，或使熔断器熔断。

§2-74 防误闭锁装置的功能是什么？

答：防误装置应实现以下“五防”功能：

（1）防止误分、误合断路器。

（2）防止带负荷拉、合隔离开关。

（3）防止带电挂（合）接地线（接地刀闸）。

（4）防止带接地线（接地刀闸）合断路器（隔离开关）。

（5）防止误入带电间隔。

凡有可能引起以上误操作事故的一次电气设备，均应装设防误装置。“五防”功能中除防止误分、误合断路器可采用提示性方式外，其余“四防”必须采用强制性方式。

§2-75 防误闭锁装置的巡视检查项目有哪些？

答：（1）检查防误装置的电源正常。

（2）检查微机防误装置的主机运行良好，与监控系统通信良好。

（3）检查微机防误装置电脑钥匙充电良好，不用时应及时充电，要远离热源，注意防水、防潮、防挤压。

（4）检查锁具无锈蚀，闭锁状态良好，户外锁具的防尘罩有无脱落。

（5）检查解锁钥匙箱的封条良好。

（6）检查接地桩完好。

（7）核对模拟图与实际设备位置一致。

§2-76　防误闭锁装置的运行规定有哪些？

答：（1）防误闭锁装置投入使用前，应具备经过审批的五防逻辑规则。

（2）高压电气设备都应安装完善的防误操作闭锁装置。防误操作闭锁装置不得随意退出运行，停用防误操作闭锁装置应经设备运维管理单位批准；短时间退出防误操作闭锁装置时，应经变电运维班（站）长批准，并应按程序尽快投入。

（3）防误闭锁装置应有专门的管理制度，对解锁工具的保管和使用提出明确要求。

（4）防误主机不能和办公内网连接，严禁与因特网连接。

（5）防误闭锁装置运行巡视应视同主设备纳入巡视项目，对于防误装置发现的问题应及时上报缺陷并做好记录，防误装置的检修、调试应使用工作票。

§2-77　防误闭锁装置的解锁规定有哪些？

答：（1）不准随意解除闭锁装置。

（2）解锁工具（钥匙）应封存保管，所有操作人员和检修人员禁止擅自使用解锁工具（钥匙）。

（3）若遇特殊情况需解锁操作，应经运维管理部门防误操作装置专责人或运维管理部门指定并经书面公布的人员到现场核实无误并签字后，由运维人员告知当值调控人员，方能使用解锁工具（钥匙）。

（4）单人操作、检修人员在倒闸操作过程中禁止解锁。如需解锁，应待增派运维人员到现场，履行上述手续后处理。解锁工具（钥匙）使用后应及时封存并做好记录。

（5）微机防误装置有“跳步”钥匙的，“跳步”钥匙按解锁钥匙管理使用。

§2-78　微机防误装置常见异常有哪些？应如何处理？

答：（1）电脑钥匙打开后，液晶屏显示不清楚，应及时更换电池或充电。

（2）电脑钥匙长时间充电后仍不能充满电，可能是电池老化损坏或充电装置损坏，检查后及时更换。

（3）电脑钥匙不能接收从“五防”机传出的操作票，可能的原因有：电池电压不足，电脑钥匙未进入接收票状态，电脑钥匙与传输装置传输触点接触不良，通信传输装置损坏，主机串口损坏。查明原因后进行相应的处理。

（4）电脑钥匙已经提示操作正确，仍不能打开“五防”锁，可能的原因有：电池电压不足，电脑钥匙内部开锁机构失灵，锁内部机构卡涩，编码锁损坏。查明原因后进行相应的处理。

（5）模拟预演时，界面上的设备与实际位置不对应，先判断该设备是手动对位还是自动对位。需手动对位的，则应退出模拟状态，进行对位后再进行模拟预演；对自动对位的设备应查明原因，检查通信回路有无问题，设备辅助触点是否接触良好。

（6）操作完成后，电脑钥匙无法执行下一步，应经值班负责人检查操作确已完成后，向主机回传设备状态，按照接下来的操作项目重新模拟传钥匙。

§2-79 试分析双母线接线方式线路间隔母线侧隔离开关的五防逻辑。

答：（1）合闸条件：

条件 1：线路断路器在分位，线路侧隔离开关在分位，另一母线侧隔离开关在分位，断路器两侧接地刀闸在分位，对应母线接地刀闸和接地点在分位。

条件 2：另一母线侧隔离开关在合位，对应电压等级的母联断路器及两侧隔离开关在合位。

（2）分闸条件：

条件 1：线路断路器在分位，线路侧隔离开关在分位，另一母线侧隔离开关在分位。

条件 2：另一母线侧隔离开关在合位，对应电压等级的母联断路器及两侧隔离开关在合位。

§2-80 GIS 设备电气闭锁的原理是什么？如何实现电气联锁？

答：GIS 设备的断路器、隔离开关、接地刀闸均采用带电气闭锁功能的电动操作机构。

电气闭锁的基本原理是在断路器、隔离开关、接地刀闸电动操作控制回路中，依据正确的操作规则串入断路器、隔离开关、接地刀闸的辅助接点进行相互闭锁。当违反操作规则时，则由相应设备的辅助接点切断该操作设备的控制回路正电源，禁止操作，从而达到防误操作的目的。

GIS 联锁主要用于防止因一次电气设备的误操作而带来人身伤害及电气设备损害，具体实现方法如下：

（1）间隔内部联锁的实现方法：将间隔内的断路器、隔离开关和其他辅助接点通过串接或者并接的方式实现联锁逻辑或者实现部分逻辑。

（2）跨间隔的联锁的实现方法：通过类似小母线形式，将相关间隔的断路器和隔离开关辅助接点进行串接或者并接方式，被闭锁对象利用重动继电器接点串入相应回路实现联锁逻辑或者实现部分逻辑。

§2-81 计算机监控系统在运行维护中有哪些规定？

答：（1）一次设备退出运行或处于备用、检修状态时，远动装置、测控单元、变送器、电能计量装置、网络通信设备以及监控系统均不得停运，确需停运的应按规定向调度申请。

（2）变电站监控系统设备运行和维护的责任单位和人员应保证设备的正常运行及信息的完整性和正确性，发现故障或接到设备故障通知后，应立即进行处理，并将故障处理情况及时汇报工区和相关调度。

（3）由于变电站一次设备的变更（比如设备的增减、主接线变更、互感器变比改变等），须修改相应的画面和数据库等内容，现场运维人员应在设备送电前对此项目进行相关验收工作。

（4）正常运行时，除一般报警信号可在工作站上进行远方复归外，其他保护或自动装置的信号必须到现场核对、记录后，方可进行复归。

（5）对监控系统界面、数据库以及系统配置的修改必须由检修专业负责人进行，其他人员不得操作。

（6）在后台机上，任何人员不得做与工作无关的事情，严禁运行游戏软件及光盘，不得与本单位之外的任何网络或计算机互联。运行人员无权删除、修改监测程序。

§2-82　在监控机上不能对一次设备进行操作时，应如何检查处理？

答：（1）检查发出的操作命令是否符合五防逻辑关系，若五防系统有禁止操作的提示，说明该操作命令有问题，必须检查是否为误操作。

（2）检查五防应用程序是否运行正常，五防机与监控机通讯是否正常，必要时重启五防机，若能消除则继续操作；若不能消除，则应联系专业人员进行处理。

（3）检查被操作设备的遥控压板是否投入，远方/就地切换把手是否在“远方”位置，若在“就地”应立即切至“远方”位置。

（4）检查被操作设备的控制电源是否已经接通。

§2-83　监控系统通信中断时应如何处理？

答：（1）检查监控系统中哪个间隔通信中断。

（2）检查保护装置上是否有异常，若有异常则可判断是由保护装置引起的，应汇报调度，联系保护人员处理。

（3）与调度联系，重启远动机，待远动机重启后，检查通信中断是否复归，若不能复归则重启测控装置（保护与测控一体的装置不得重启）。若依旧不能复归，则联系专业人员进一步查找。

§2-84　哪些情况不得进行遥控操作？

答：（1）控制回路故障。

（2）断路器或操动机构压力闭锁。

（3）操动机构电源异常或故障。

（4）操作断路器的监控信息与实际不符。

（5）有操作人员巡视或有人工作。

§2-85　3/2 接线方式中为什么要母线侧断路器先于中间断路器重合？

答：3/2 接线方式时，若母线侧断路器先重合，当重合于永久性故障上，一旦断路器失灵，会联跳该断路器所在母线上所有的断路器，不会造成该串另一条运行线路停电；若中间断路器先重合，当重合于永久性故障上，一旦断路器失灵，会将中间断路器所在串的断路器跳开，同时启动远跳将运行线路对端断路器跳开，导致运行线路停电。所以 3/2 接线方式中母线侧断路器先于中间断路器重合。

§2-86 500kV线路为什么要装设过电压保护？其工作原理是什么？

答：500kV线路距离长，在线路分布电容产生的电容电流作用下，当仅有一侧断路器合上（向线路充电或运行中对侧断路器跳开）时，可能造成线路过电压。为了防止过电压损害设备绝缘，500kV线路应装设过电压保护。

线路过电压保护按相装设，过电压保护中的过电压继电器按线路允许过电压倍数整定，时间继电器的延时按该电压值下对应的允许时间整定。保护动作后除跳开线路本侧的两个断路器并闭锁其重合闸外，还启动本侧的远方跳闸保护发信，借助线路的光纤通道使对侧的远方跳闸保护收信，跳开对侧的两个断路器，并闭锁其重合闸。

如果不利用远方跳闸保护来使线路对侧的断路器跳闸，则当仅有本侧一侧的断路器跳开后，线路的电容电流势必沿线路由对侧流向本侧，从而会使本侧线路首端的过电压更甚。尽管此后对侧的过电压保护也会相继动作，但终究不如远方跳闸保护快速（约30ms左右），因此过电压保护常与远方跳闸保护配套使用，以迅速消除线路过电压。

§2-87 500kV线路为什么要装设远方跳闸保护？其工作原理是什么？

答：500kV系统一般采用3/2断路器接线，远方跳闸保护是3/2断路器接线所必备的特有保护，其用途有以下三方面：

（1）与线路的过电压保护配套使用，以迅速消除线路过电压故障。

（2）与线路的断路器失灵保护配套使用，用来切除线路对侧送来的故障电流。

（3）与线路并联电抗器的保护配套使用，当本侧电抗器故障时，用来切除线路对侧送来的故障电流。

远方跳闸保护必须分装在线路两侧，由一侧的发信和另一侧的收信配对，组成单发单收通信网络。远方跳闸保护可以采用专用通道，也可以采用复用通道（和线路保护合用一条通道），由于后者与前者相比，可以提高设备的利用率，经济实用，故应用广泛。与线路保护合用通道的远方跳闸保护，当线路保护通道故障时，远方跳闸保护应和线路保护一起退出。为了安全性，远方跳闸保护应按双重化配置。

§2-88 3/2接线线路（设有线路出线隔离开关）为什么要装设短引线保护？其工作原理是什么？

答：3/2接线的线路，有的装设有出线隔离开关。当线路检修时，按操作程序将线路隔离开关拉开后，通常使各串间恢复环网运行，以保证供电的可靠性。此种方式下，线路正常运行时的两套主保护（差动）由于一次系统已断开，差动保护不能工作，线路后备保护由于其电压回路接在线路侧电压互感器上，故将失去电压而不能工作。但两个线路断路器间的联络线及线路至出线隔离开关间的一段短引线仍带电，为了在这一特定方式下保护线路上的这段短引线，线路各侧必须装设短引线保护。

短引线保护实质上为一电流差动保护，取线路上两个断路器的差电流。正常情况下，短引线无故障，线路两个断路器流过同一个电流，短引线保护没有差流，不会动作。当短引线上有故障时，线路两个断路器的电流方向不同，短引线保护出现差流，保护动作。短引线保护动作后使断路器瞬时三相跳闸，并闭锁其重合闸。为了安全性，短引线保护应按双重化原则配置。两套短引线保护可分别与线路正常运行时的两套主保护公用一组 TA 二次。

§ 2-89　3/2 接线变电站线路停电，断路器成串操作时对应的保护应如何操作？

答：应投入短引线保护，退出线路保护、变压器保护等（不考虑电压切换）。操作时应先断开断路器，后断开线路、变压器隔离开关，再投入短引线保护，退出线路保护、变压器保护，再合上断路器。

§ 2-90　如图 2-12 所示，简述 3/2 接线断路器失灵保护的动作过程。

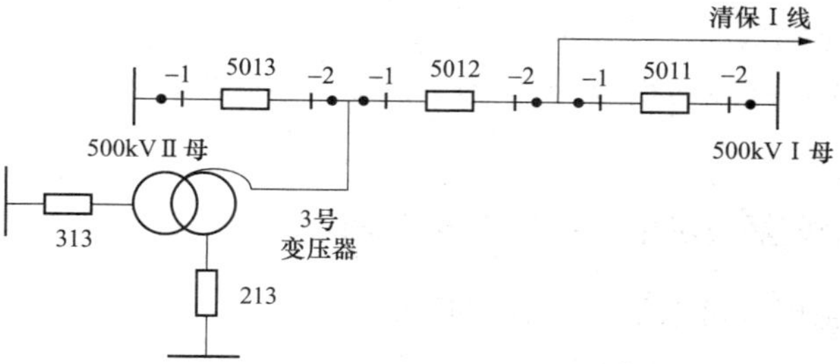

图 2-12　3/2 接线示意图

答：（1）清保 I 线线路故障，线路保护动作，向 5011、5012 发跳令，5011 断路器拒动，启动 5011 断路器失灵保护，跟跳 5011 断路器失败后，随后跳开 1 号母线上其他各断路器，并向清保 I 线线路对侧断路器发远跳命令。

（2）清保 I 线线路故障，线路保护动作，向 5011、5012 发跳令，5012 断路器拒动，启动 5012 断路器失灵保护，跟跳 5012 断路器失败后，随后跳开 5013 断路器及 3 号变压器中、低压侧断路器，并向清保 I 线线路对侧断路器发远跳命令。

（3）3 号变压器故障，变压器差动保护动作，向 5012、5013、213、313 断路器发跳令，5012 断路器拒动，启动 5012 断路器失灵保护，跟跳 5012 断路器失败后，随后跳开 5011 断路器，并向清保 I 线线路对侧断路器发远跳命令。

（4）3 号变压器故障，变压器差动保护动作，向 5012、5013、213、313 断路器发跳令，5013 断路器拒动，启动 5013 断路器失灵保护，跟跳 5013 断路器失败后，随后跳开 2 号母线上其他各断路器。

（5）1 号母线故障，1 号母线保护动作，向 1 号母线上所有断路器发跳令，5011 断路器拒动，启动 5011 断路器失灵保护，跟跳 5011 断路器失败后，随后跳开 5012 断路器，并向清保 I 线线路对侧断路器发远跳命令。

（6）2 号母线故障，2 号母线保护动作，向 2 号母线上所有断路器发跳令，5013 断路器拒动，启动 5013 断路器失灵保护，跟跳 5013 断路器失败后，随后跳开 5012 断路器，及 3 号变压器中、低压侧断路器。

综上所述，边断路器失灵保护由线路保护、变压器保护或母线保护启动，失灵保护动作后跟跳本断路器，随后跳中断路器及该母线上所有断路器。如果所连设备为线路，则向线路对侧断路器发远跳命令；如果所连设备为变压器，则跳开变压器各侧断路器。

中断路器失灵保护由线路保护或变压器保护启动，失灵保护动作后先跟跳本断路器，随后跳两侧边断路器。如果所连设备为线路，则向线路对侧断路器发远跳命令；如果所连设备为变压器，则跳开变压器各侧断路器。

§2-91　500kV 变压器为什么要装设过励磁保护？

答：变压器工作磁密 B 与电压、频率之比 U/f 成正比，即电压升高或频率下降都会使工作磁密增加。现代大型变压器，额定工作磁密 B_n=1.7～1.8T，饱和工作磁密为 B_s=1.9～2.0T，两者相差不大。500kV 系统容易出现过电压，使 U/f 增加，变压器励磁电流增加，特别是铁芯饱和之后，励磁电流急剧增大，造成变压器过励磁。过励磁会使变压器铁损增加，铁芯温度升高，同时还会使漏磁场增加，使靠近铁芯的绕组导线、油箱壁和其他金属构件产生涡流损耗，发热，引起高温，严重时造成局部变形和损伤周围绝缘介质。因此 500kV 变压器应装设过励磁保护。

§2-92　500kV 变压器过励磁保护工作原理是什么？

答：变压器过励磁程度可以用过励磁倍数来表示：

$$N=B/B_n=(U/f)/(U_n/f_n)$$

其中，N 为过励磁倍数；B，B_n 为变压器铁芯磁通密度的实际值和额定值；U，U_n 为加在变压器绕组的实际电压和额定电压；f，f_n 为实际频率和额定频率。

过励磁保护可以通过采集变压器的电压和频率计算其比值，来判别变压器是否过励磁。

§2-93　为什么 500kV 变压器要装设分侧差动保护？有何优点？

答：差动原理用于保护变压器时，存在如下特殊问题：

（1）必须采取措施平衡被保护变压器各侧电流互感器二次电流在数值和相位上的差异。

（2）必须采取措施防止在变压器空载投入或短路切除后电压恢复时，产生的励磁涌流引起差动保护误动作。

（3）在变压器装有调压设备的情况下，变压器的变比经常变化，差动保护也必须适应于这种情况。

（4）差动保护还应采取措施防止在变压器过励磁情况下误动作。

分侧差动保护，就是从改变变压器差动保护的构成方式上，来解决变压器差动保护存在的若干问题，其接线如图 2-13 所示。变压器分侧差动保护方案的出发点，就是把多绕组变压器的各侧绕组及其引线分别看作是一个独立的单元。对变压器的各侧绕组和引线分别采用纵联差动保护。这样就可以用接线简单、可靠性较高的纵联差动保护来保护变压器。分侧差动保护具有以下特点。

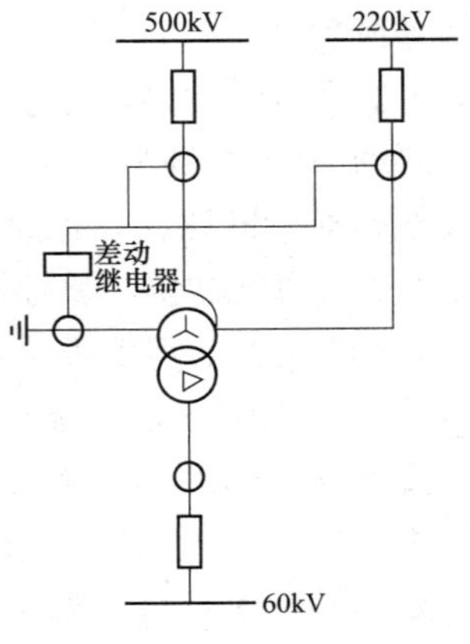

图 2-13　自耦变压器分侧差动接线图

（1）因为不论来自变压器哪一侧的励磁涌流，都要流过该侧差动保护的两组电流互感器，并得到平衡，而不会流到差回路。所以分侧差动保护可不考虑励磁涌流的影响。

（2）在变压器过励磁时，过励磁电流只存在于变压器的某一侧，在该侧的差动回路中也是平衡的。所以可以不考虑过励磁引起差动保护误动作的问题。

（3）各侧差动保护在该侧内达到电流平衡。当由于变压器调压而引起各侧之间的电流变化时，不会有不平衡电流流入差回路，因而可以不考虑变压器调压的影响。

（4）各侧差动保护的电流互感器二次侧可以采用星形接线，能提高对变压器绕组及引线单相接地短路故障的灵敏度。当被保护的绕组中性点直接接地时，保护的灵敏度与绕组的接地点位置无关，在绕组上任何一点短路时，都可以保证足够的灵敏度。

第三章　倒 闸 操 作

§3-1　变压器送电时，为什么要从电源侧充电，负荷侧并列？

答：当变压器送电时，从电源侧充电，负荷侧并列具有以下优点：

（1）送电的变压器如有故障，对运行系统影响小，如图 3-1 所示。

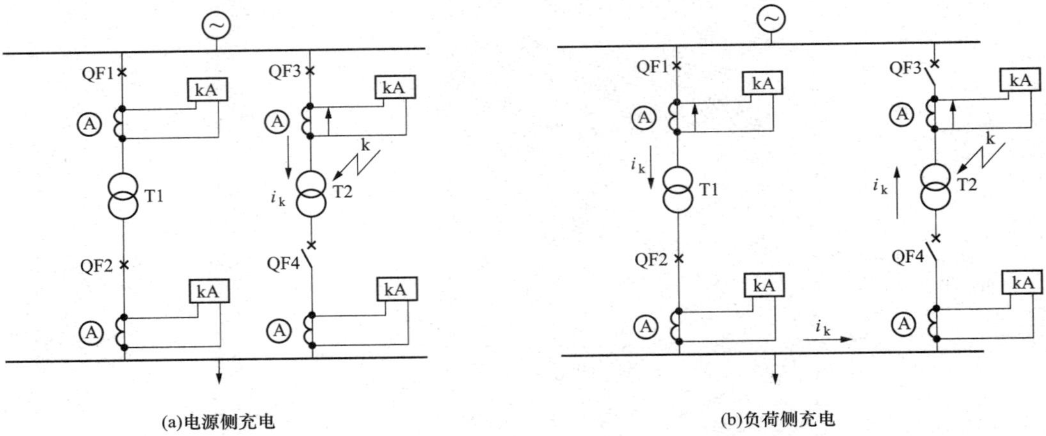

图 3-1　变压器充电示意图

变压器 T2 送电，如从电源侧合 QF3 充电，此时 T2 有故障可通过自身的保护装置动作跳开 QF3，切除故障，对其他设备的运行无影响。但如从负荷侧合 QF4 充电，若 T2 有故障，正常运行的变压器 T1 向故障点提供短路电流，使得 T1 经受短路电流的冲击。

（2）从电源侧充电，励磁涌流影响小。

空载合闸时变压器会产生励磁涌流，其值为 6～8 倍的额定电流。变压器从负荷侧合 QF4 充电，励磁涌流由正常运行的 T1 供给，励磁涌流产生的冲击力会损坏变压器的机械性能，降低变压器的机械强度。

综上所述，变压器送电时应遵循从电源侧充电，负荷侧并列的原则。

§3-2　变压器励磁涌流有哪些特点？

答：（1）包含有很大成分的非周期分量，往往使涌流偏于时间轴的一侧。

（2）包含有大量的高次谐波分量，并以二次谐波为主。

（3）励磁涌流波形之间出现间断。

其波形如图 3-2 所示。

励磁涌流产生的电动力会损坏变压器的机械性能，降低变压器的机械强度，同时励磁涌流衰减初期可能会造成继电保护的误动作。此时运维人员应根据图 3-2 正确判断变压器动作的原因，并在送电后应检查变压器无异音异状。

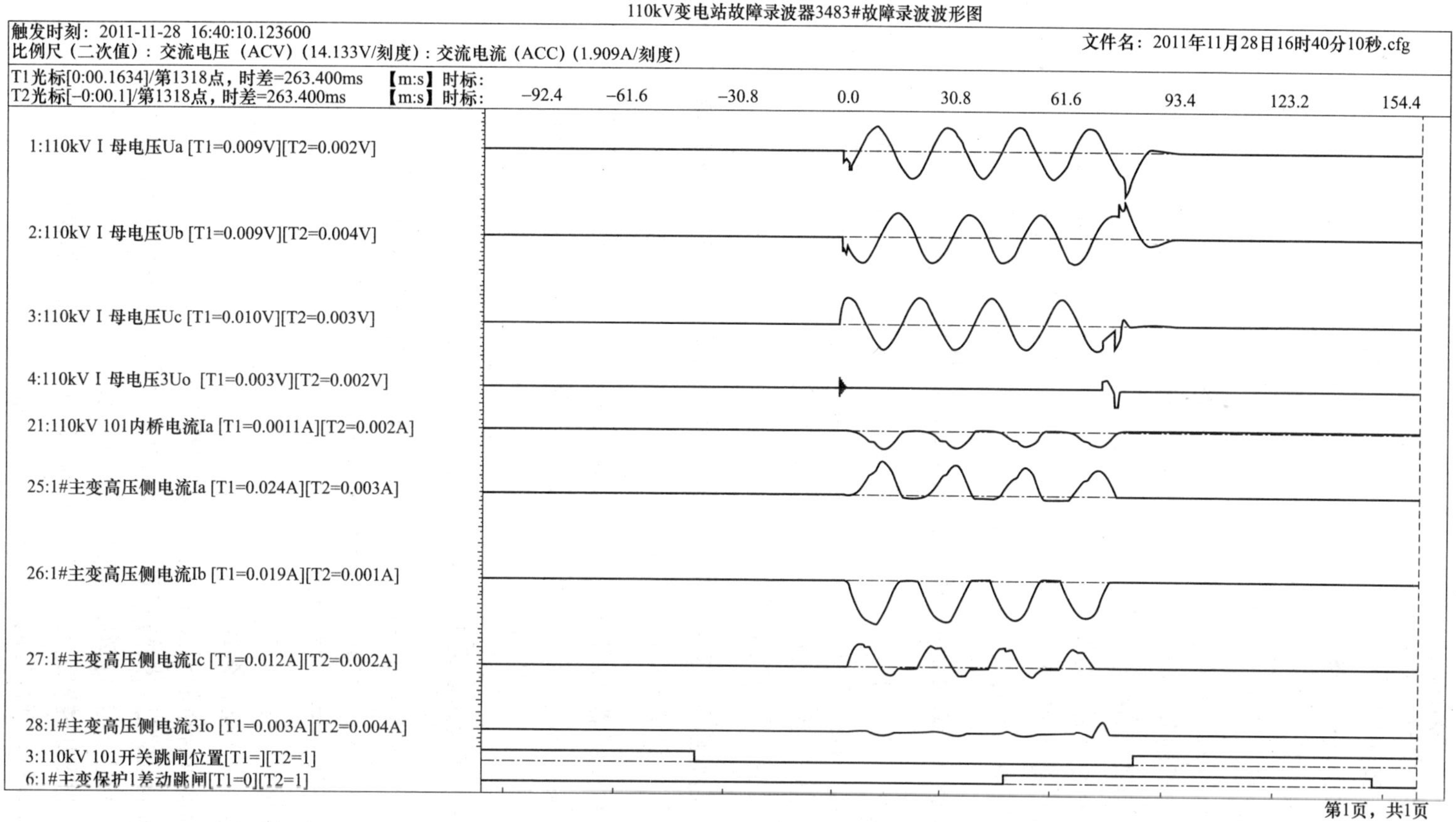
110kV变电站故障录波器3483#故障录波波形图
触发时刻：2011-11-28 16:40:10.123600
比例尺（二次值）：交流电压（ACV）(14.133V/刻度)：交流电流（ACC）(1.909A/刻度)
文件名：2011年11月28日16时40分10秒.cfg
T1光标[0:00.1634]/第1318点，时差=263.400ms 【m:s】时标：
T2光标[-0:00.1]/第1318点，时差=263.400ms 【m:s】时标：
-92.4
-61.6
-30.8
0.0
30.8
61.6
93.4
123.2
154.4
1:110kV I 母电压Ua [T1=0.009V][T2=0.002V]
2:110kV I 母电压Ub [T1=0.009V][T2=0.004V]
3:110kV I 母电压Uc [T1=0.010V][T2=0.003V]
4:110kV I 母电压3Uo [T1=0.003V][T2=0.002V]
21:110kV 101内桥电流Ia [T1=0.0011A][T2=0.002A]
25:1#主变高压侧电流Ia [T1=0.024A][T2=0.003A]
26:1#主变高压侧电流Ib [T1=0.019A][T2=0.001A]
27:1#主变高压侧电流Ic [T1=0.012A][T2=0.002A]
28:1#主变高压侧电流3Io [T1=0.003A][T2=0.004A]
3:110kV 101开关跳闸位置[T1=][T2=1]
6:1#主变保护1差动跳闸[T1=0][T2=1]
第1页，共1页

图 3-2 励磁涌流波形图

§3-3 变压器泡沫灭火装置使用方法是怎样的？

答：变压器泡沫灭火装置应具备自动、手动、应急三种启动方式。

（1）方式选择开关在“自动”方式时，当变压器温度探测器探测达到报警温度时，并且检测到重瓦斯保护动作且变压器三侧断路器跳闸后，自动打开氮气动力瓶控制阀，同时开启相应着火变压器的分段阀门，进行灭火。

（2）方式选择开关在“手动”方式时，当变压器温度探测器探测达到报警温度时，发报警信号，此时运维人员如确认有火情后，需手动按下控制屏上的电磁阀启动按钮，并按下控制屏上着火变压器的分段阀门开启按钮，打开分段阀门，进行灭火。灭火完毕后，需手动关闭氮气动力源控制手动阀和分段阀门。

（3）变压器着火后，若系统电气控制失灵，运维人员应采取应急措施，在消防间手动打开氮气动力源控制手动阀，手动扳动着火变压器的分段阀门的手柄，打开分段阀，进行灭火。灭火完毕后，需手动关闭氮气动力源控制手动阀和分段阀门。

§3-4 为什么空载变压器投切次数过多会影响使用寿命？

答：空载变压器分闸时，由于铁芯中的磁场很快消失，而磁场的迅速变化将在绕组中产生很高的电压，这就可能使变压器的绝缘薄弱处击穿；同时空载变压器合闸时可能产生很大的励磁电流，这个电流会使绕组受到很大的机械力，造成绕组变形和绝缘损坏，因此空载变压器投切次数过多会影响使用寿命。

§3-5 两台变压器并列运行时，当一台变压器高压侧中性点永久接地情况下，仅检修其中压侧断路器时，对于中性点有何规定？

答：当一台变压器高压侧中性点永久接地的情况下，仅检修其中压侧断路器时，为了中压系统不失去接地点，另一台变压器采用高中压侧中性点均接地的方式。检修断路器对应的中性点也应接地。

§3-6 在投运变压器之前，运维人员应检查哪些内容？

答：（1）变压器本体无缺陷，外表整洁，其保护装置在良好状态，具备带电运行条件。

（2）变压器上无遗留物，临时接地线已拆除。

（3）各侧分接开关位置符合电网运行要求，有载调压装置电动手动操作均正常，指针指示和实际位置相符，并与后台机显示一致。

（4）各部油位正常，各阀门开闭正常。

（5）呼吸器有合格的干燥剂，检查无堵塞现象。

（6）瓦斯继电器已安装防雨罩，放气装置内无气体，各部件无渗油现象。

（7）温度表温度指示正确，与后台机显示一致。

（8）变压器冷却装置无渗漏现象，现场切换运行正常，切换把手位置正常。

（9）变压器外壳有良好的接地装置，接地电阻合格。

（10）变压器的防雷保护符合规程要求。

§3-7　哪些情况禁止变压器调压操作？

答：（1）有载轻瓦斯保护动作发信号时。

（2）有载开关油箱内绝缘油劣化不符合标准。

（3）有载开关油箱的油位异常。

（4）变压器满负荷或过负荷时，禁止调压操作。

（5）变压器调压操作次数超过规定次数。

§3-8　允许隔离开关进行的操作有哪些？

答：（1）拉、合无异常的电压互感器和非雷雨天气的避雷器。

（2）拉、合 220kV 及以下空载母线，但在用隔离开关给母线充电时，应先用断路器给母线充电无问题后进行。

（3）拉、合系统没有接地故障时的变压器中性点。

（4）拉、合经断路器或隔离开关闭合的旁路电流（在断、合经断路器闭合的旁路电流时，先将断路器操作电源退出）。

（5）拉、合经试验允许和批准的 3/2 接线母线环流。

§3-9　隔离开关操作的注意事项有哪些？

答：（1）停送电操作中，操作隔离开关前，必须检查断路器在拉开位置，断路器遥控功能已解除。

（2）手动操作隔离开关应迅速、果断。在操作终了时，不可用力过猛，避免过大冲击损坏隔离开关或造成齿轮脱扣。分闸时当刀片离开刀嘴时要迅速、果断，以便加速灭弧。

（3）操作电动隔离开关时，发现电机拒动或电机运转不停时，立即断开隔离开关电机电源，防止瓷棒扭断或电机烧毁。

（4）手动操作隔离开关前应采取保障人身安全的应急措施，制定防绝缘子断裂的逃生路径。

§3-10　为什么线路停电先拉开线路侧隔离开关，后拉母线侧隔离开关，送电时的操作顺序则与其相反？

答：线路停电操作时，拉开断路器后，应先拉开线路侧隔离开关。如果断路器实际未拉开，先拉开线路侧隔离开关造成带负荷拉隔离开关，由于弧光短路点在断路器外侧，可由线路保护装置动作跳闸切除故障。反之，如先拉开母线侧隔离开关，由于弧光短路点在母线侧，会导致母线短路故障，造成母线设备全部停电。

送电时的操作顺序与其相反，也是基于相同的考虑。

§3-11　GIS 设备隔离开关操作后位置应如何检查？

答：由于 GIS 设备隔离开关触头是密封的，操作后看不到设备实际位置，所以应通过其机械分合位置指示和电气位置指示综合判断。现场机械位置检查时除检查分合指示牌外，还要分相检查限位螺丝间隙是否合适，三相是否均已传动到位，防止因传动杆脱销造成三相位置不一致。

§3-12 误拉、合隔离开关如何处理？

答：（1）一旦发生误拉隔离开关的情况，触头刚分开时，发现有异常电弧，则应立即合上，以防止由于电弧短路而造成事故。但如果已将隔离开关拉开，则禁止再将被误拉开的隔离开关合上。

（2）误合隔离开关，不论何种情况，都不准再将误合的隔离开关拉开。如确需拉开，则应汇报调度，使用该回路断路器将负荷切断或采用倒母线方式将回路停电后，再拉开误合的隔离开关。

§3-13 防止电动操作的隔离开关发生误动的措施有哪些？

答：（1）对电动隔离开关操作电源实行点对点控制。

（2）隔离开关在正常运行时断开操作电源，只在操作时才将其电源投入，确保电动隔离开关不会误动。

§3-14 简述单母分段接线方式其中一条母线的停电操作步骤。

（1）退出相应备自投。

（2）拉开停电母线上所有断路器：先拉开电容器断路器，再拉开各出线断路器，最后拉开主进或分段断路器。

（3）拉开所有断路器两侧的隔离开关。

（4）停用母线电压互感器：先拉开二次侧小开关（或取下二次保险），再拉开一次隔离开关。

（5）合上母线接地刀闸或装设接地线。

§3-15 双母线接线方式，热倒母线的操作顺序是怎样的？

答：双母线接线方式，热倒前应检查母联断路器在合闸位置，先将母差保护切“非选择”方式，后拉开母联断路器控制电源开关；然后按就近原则，从该电压等级母线一端到另一端，依次以“先合上、后拉开”顺序操作隔离开关；倒完后应先合上母联断路器控制电源开关，再将母差保护切“有选择”方式。

§3-16 热倒母线拉开母联断路器前后应检查什么？

答：热倒母线拉开母联断路器前要对停电的母线再检查一次，确保设备已全部倒至运行母线上，并检查母联断路器电流指示为零，防止漏倒。拉开母联断路器后，应检查其机械指示在分位，且所停母线三相电压为零。

§3-17 热倒母线时为什么要拉开母联断路器控制电源开关？

答：倒母线过程中如果母联断路器分闸，会造成用隔离开关对两条母线进行带负荷并解列，引起弧光短路。因此要求母联断路器在合位并拉开其控制电源开关，以保证倒母线操作过程中母线隔离开关等电位。

§3-18 热倒母线前，为什么先将母差保护切“非选择”，后拉开母联断路器控制电源？

答：母差保护切“非选择”和拉开母联断路器控制电源的顺序要求，主要是考虑这两项操作中间一旦发生故障，保护的动作行为。

（1）先切“非选择”，后拉开母联控制电源，两项操作中间发生母线故障，母差保护动作，瞬时跳开两条母线所有断路器切除故障。

（2）先断开母联控制电源，后切“非选择”，两项操作中间发生母线故障，母差保护、母联失灵保护或变压器后备保护先后动作，经延时跳开两条母线所有断路器切除故障。

由以上两个保护动作行为分析可见，在两项操作中间一旦发生故障其停电范围是相同的，但是保护动作时限有差别，为保证母线发生故障时保护能瞬时动作，故要遵循规定的操作顺序。

§3-19 为什么热倒母线操作时允许用隔离开关转移电流？

答：隔离开关没有灭弧装置，当开断的电流超过允许值或断合环路压差过大时，操作中产生的电弧超过本身自然灭弧能力，会引起弧光短路。而热倒母线时，由于母联断路器处于合位，此时拉合母线隔离开关，一方面隔离开关两个触头之间电压差很小，另一方面隔离开关操作过程中，随着回路阻抗的变化，负荷电流会发生转移，此时隔离开关拉合的电流完全在自然灭弧能力内，因此热倒母线操作时允许用隔离开关转移电流。

§3-20 倒母线操作时，如何检查母线侧隔离开关已操作到位？

答：（1）现场检查其三相触头确已拉开（或合上）。

（2）检查母差保护屏上隔离开关模拟盘相应指示灯熄灭（或点亮）。

（3）检查该间隔保护装置（线路保护或变压器保护）上相应的电压切换指示灯熄灭（或点亮）。

（4）检查计量屏电度表电压切换继电器正确动作。

（5）检查后台监控机上该隔离开关电气指示已正确变位。

（6）检查后台监控机已正确上传“切换继电器同时动作（复归）”的遥信信息。

§3-21 接线图如图 3-3 所示，进行 110kV 2 号母线由运行转检修操作，假如合上 158-1 隔离开关后，隔离开关辅助触点未切换到位，则拉开 158-2 隔离开关后有何现象？

答：合上 158-1 隔离开关后，隔离开关辅助触点未切换到位，则拉开 158-2 隔离开关后，该线路保护发 TV 断线信号，距离保护被闭锁，零序方向过流保护方向元件退出；母差保护隔离开关位置异常告警不能复归。

§3-22 接线图如图 3-3 所示，进行 110kV 2 号母线由运行转检修操作，假如合上 158-1 隔离开关后，隔离开关辅助触点切换正常，拉开 158-2 隔离开关后，其线路保护用隔离开关辅助触点未断开，则当操作人员拉开母联 101 断路器时有何现象？此时应如何处理？

答：合上 158-1 隔离开关后，隔离开关辅助触点切换正常，拉开 158-2 隔离开关后，其线路保护用隔离开关辅助触点未断开，此时相当于通过 158 间隔 1、2 号母线电压切换继电器的常开触点将1、2号母线电压互感器保护用二次回路并列。当操作人员拉开母联101断路器时，由于110kV 2号母线一次停电，而电压互感器二次并列，形成了反充电回路，会造成运行的1号母线电压互感器二次开关跳闸，使得110kV侧所有线路、变压器、母线保护发TV断线告警，测量、计量回路失去电压（测量、计量与保护回路共用二次空开）。

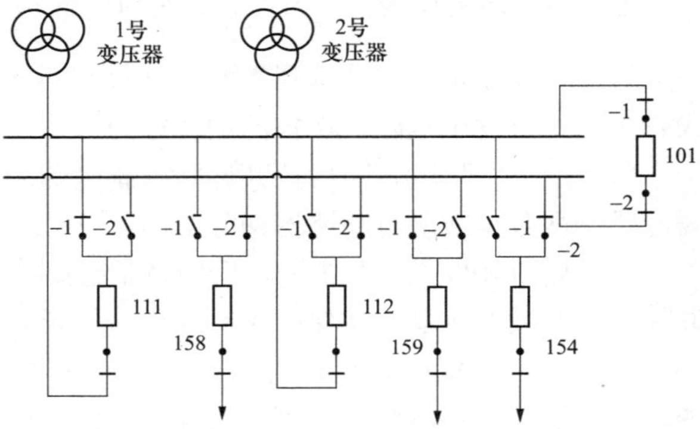

图3-3 双母线接线图

处理方法：先将母联断路器恢复运行，合上1号母线电压互感器二次开关，使得保护、测量、计量装置恢复正常；按照倒母线的操作要求，将158-2隔离开关重新合上、拉开几次，检查其辅助触点切换正常后，再将2号母线转检修。

§3-23 接线图如图3-3所示，110kV 2号母线检修完毕后，进行2号母线送电、恢复正常运行方式操作，假如拉开158-1隔离开关后，其线路保护用辅助触点未断开。运行一段时间后，110kV 1号母线发生短路故障，试分析保护和断路器的动作情况。

答：拉开158-1隔离开关后，其线路保护用辅助触点未断开，此时相当于通过158间隔1、2号母线电压切换继电器的辅助触点将1、2号母线电压互感器保护用二次回路并列。假如1号母线发生短路故障，此时母差保护动作跳开1母运行的111、101、159断路器；1母失压，由于存在TV二次并列，所以110kV 2号母线TV对1号母线反充电，造成2号母线TV二次开关跳闸；由于母线故障时，所有保护均已经启动，因此154、158两条线路保护已经进入故障诊断程序，不会检测TV断线，也不会闭锁相关保护，因此154、158两条线路距离保护动作，跳开154、158断路器。

§3-24 防止110kV及以上电压等级断路器断口电容与母线电磁式电压互感器发生谐振过电压的措施有哪些？

答：用带断口电容断路器投切带电磁式电压互感器的空母线时，可能发生谐振，运维人员应密切监视母线电压，如果停母线时出现谐振现象，应尽快拉开断路器一侧隔离开关，而在投母线时，如果在断路器两侧隔离开关合入后出现谐振现象，应尽快合入断路器。严禁长时间谐振后将母线电压互感器重新投入运行。谐振消除后（特别是长时间谐振后），应认真全面地检查电压互感器，防止电压互感器带故障隐患投入运行。检查项目包括：运维人员外观检查是否渗漏油，检修人员测试绕组直流电阻、取油做色谱试验等。发生过谐振的母线，在以后操作中应改变操作顺序，停电时先停电压互感器后停母线，送电时先送母线后送电压互感器。

§3-25 什么情况下需要投退母联断路器充电保护？

答：母线停电后再投入前，利用母联断路器对该母线充电，应先投入母联充电保护，并保证母差保护处于“有选择”方式，若母线上存在故障，可利用充电保护跳开母联断路器切除故障。母联充电保护应在母线充电前投入，充电后应检查充电母线电压指示正常，并在恢复负荷之前退出。

§3-26 母线电压消失后，为什么要及时拉开该段上未跳闸的断路器？

答：主要是从限制事故扩大、便于事故处理、有利恢复送电三个方面考虑。有以下好处：

（1）可以避免变电运维人员在处理停电事故时，误向故障母线反送电，使母线再次发生短路或发生非同期并列。

（2）为母线恢复送电做准备，可以避免母线恢复送电后设备同时运行，拖垮电源，另外，如果母线失电是由于线路越级跳闸造成，则一路一路地试送电，对于判断哪条线路越级跳闸也比较容易。可以迅速发现拒动保护，为及时找到故障点提供线索。

（3）为了能尽快恢复送电，变电站全停时，母线上只保留一路联络线断路器不拉开，准备从电网受电，此时母线应按有电对待，严禁接近或进行检修。

§3-27 为防止真空断路器初次投切电容器时出现击穿电弧，可采取什么措施消除？

答：真空断路器触头表面有毛刺，出厂前对真空断路器要进行“老练”，即在动、静触头间施加电压，反复试验几十次，使触头上的毛刺烧光，触头表面更为光滑，防止初次投切电容器出现击穿电弧过电压危害电容器。

§3-28 电容器投入时发生断路器一相未接通有何现象？应如何处理？

答：若电容器断路器一相未接通，则断开相电流为0，其他两相电容器串联承受线电压，所以电流为额定电流的$\sqrt{3}/2$倍，无功功率为额定值的1/2倍。

发现电容器断路器一相未接通，应拉开该断路器，将其转检修，若断路器无法拉开，则应汇报调度，申请将母线停电后，用隔离开关将故障断路器隔离。

§3-29 电容器退出时发生断路器一相未断开有何现象？应如何处理？

答：当电容器断路器一相未断开时，因不能形成闭合回路，只有接通相有很小的对地电容电流，所以监控显示三相电流、无功功率均为零，又因三相对地电容不对称，使得母线电压互感器开口三角产生不平衡电压，若母线上无线路，不平衡电压较大，可能造成变压器保护发“低压侧零序过电压”告警信号。

若怀疑电容器断路器一相未断开，可通过验电的方式进行确认，当验明电容器三相均有电压，即可判定断路器一相未断开。此时应汇报调度，申请将母线停电后，用隔离开关将故障断路器隔离。

§3-30 当后台监控系统中断路器位置与机械指示不一致时，应如何判断断路器实际位置？

答：当后台监控系统中断路器位置与机械指示不一致时，应综合各种现象判断断路器实际位置，可进行以下检查：

（1）断路器三相电流、有功、无功功率有无指示、是否刷新。

（2）所在母线的输入输出功率是否平衡。

（3）计量电度表是否工作。

（4）保护装置有无电流。

（5）测控装置位置指示灯显示情况。

（6）断路器操作箱位置指示情况。

（7）操作机构传动杆的位置。

（8）线路侧带电显示装置指示情况。

（9）线路侧直接验电情况。

如果能采取的检查方法均无法确认断路器实际位置，则应按其在合位对待。

§3-31　220kV 某变电站值班员根据系统无功需求切除 10kV 某组电容器。断路器分闸指令发出后，分合闸红绿指示灯熄灭，且回路电流表指示为零，值班员在现场通过开关柜观察孔观察断路器分合闸指示器在分位，并操作紧急分闸按钮三次，确定断路器在断位，即执行了拉开负荷侧隔离开关操作。随即，开关柜内发生相间短路故障，变压器低压侧后备保护动作，主进断路器跳闸，切除母线。后现场检查发现分闸线圈烧毁。试分析故障原因及处理过程。

答：由于操作机构处于半分半合状态，分闸线圈未被辅助开关切断而烧毁。操作人员在进行隔离开关分闸操作前，通过检查电流表指示、断路器分合闸位置和操作紧急分闸按钮三种手段判断断路器处于分闸位置，但由于电流表只接 A 相，无法指示 B、C 两相电流；观察窗与分合闸指示牌存在一定角度，难以准确判断分合闸位置；紧急分闸按钮在断路器已经脱扣的情况下不起作用，造成了本次带负荷拉隔离开关，引起 B、C 相间短路的故障。对于现在这种运维模式，电容器一般由监控中心 AVC 来控制，若发现类似的异常情况时，运维人员除了利用上述的三种方法来进行判断，还可以借助现场实际验电、检查其后台机显示的遥测值和保护装置上三相电流是否同时回零等辅助手段综合来判断，如若所有的检查项和辅助检查都可以判断电容器断路器在断位，则可以进行操作两侧隔离开关进行隔离，不然应拉开上级断路器后，拉开其两侧隔离开关进行隔离。

§3-32　断路器操作应具备的闭锁功能有哪些？

答：（1）断路器操作时，应闭锁重合闸。

（2）就地操作和远方遥控操作要相互闭锁，保证只有一处能操作。

（3）根据实时信息，自动实现断路器和隔离开关间的闭锁操作。

（4）无论就地操作或远方操作，都应有防误操作的闭锁功能，即要在收到返校信号后，才能执行下一项，必须有对象校核、操作性质校核、命令执行等步骤，以保证操作的可靠性。

§3-33　什么是电磁环网？电磁环网的危害是什么？为避免电磁环网合环操作时应注意什么？

答：电磁环网是指不同电压等级运行的线路，通过变压器电磁回路的连接而构成的环路。如图 3-4 所示，框内分别代表 2 座 220kV 变电站和 1 座 110kV 变电站，当 110kV 变电站两台变压器仅中压侧并列时，相当于经过两台 110kV 变压器、两条 110kV 线路、2 台不是同一变电站的 220kV 变压器、若干条 220kV 线路形成环网（箭头所示），这就是电磁环网。

电磁环网的危害主要包括以下几个方面：

（1）易造成系统热稳定破坏。在负荷较大情况下，一旦高压侧的线路跳闸，所有的负荷会转移到低压线路或变压器上，容易引起导线超过热稳定电流或变压器过负荷。

（2）易造成系统动稳定破坏。若电磁环网连接的为两个系统，当高压侧的线路跳闸，两系统间的联络阻抗将显著增大，容易造成系统动稳定破坏，甚至发生系统振荡。

（3）参数配合不利的情况下还可能引发谐振过电压。

（4）不利于经济运行。

（5）需要装设高压线路因故障停运后联锁切机、切负荷等安全自动装置。但实践说明，若安全自动装置本身拒动、误动将影响电网的安全运行。

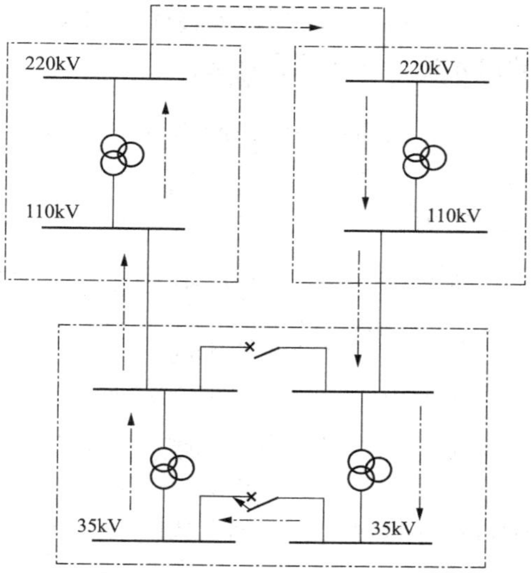

图 3-4　电磁环网示意图

如图 3-4 所示，其中 110kV 变电站变压器高压侧的并列操作实际上也形成了电磁环网，而这种情况又是难以避免的，所以在操作过程中应注意：

（1）合环操作前要进行验算，确保环路中任一元件都不会过负荷；若验算不能满足要求，则应采用短时停电的方式操作。

（2）合环前应对相应保护进行投退，如 110kV 线路末端装有保护的，应将线路保护投入。

（3）应尽量缩短合环操作的时间，合上分段断路器合环后，要立即拉开一条线路的断路器解环。

§3-34　旁路断路器转代 220kV 变压器高、中压侧断路器时，若切至套管 TA 的微机保护为 1WJ，切至旁路 TA 的微机保护为 2WJ，则切换电流回路的操作步骤是什么？为什么规定先切换 1WJ，再切换 2WJ？

答：旁路断路器在转代 220kV 变压器高、中压侧断路器过程中，切换电流回路的操作步骤如下：

（1）将 1WJ 的差动保护退出。

（2）将 1WJ 电流回路由外附 TA 切至变压器套管 TA。

（3）检查 1WJ 差流正常无误后，将其差动保护投入。

（4）将 2WJ 的差动保护退出。

（5）将 2WJ 电流回路由外附 TA 切至旁路断路器 TA。

（6）用旁路断路器合环拉开被转代的断路器。

（7）检查 2WJ 差流正常无误后，将其差动保护投入。

规定先切换 1WJ，再切换 2WJ，可保证在切换任一套电流回路时，均有一套差动保护能正常运行；若两个操作顺序颠倒，则在切换 1WJ 电流回路时会使变压器失去差动保护，在此期间若发生故障则不能快速动作切除，造成设备的损坏以及事故范围的扩大。

§3-35 旁路断路器转代220kV变压器高、中压侧断路器，切换其电流回路时，有时需要改定值，其原因是什么？

答：因为在用旁路断路器转代220kV变压器高、中压侧断路器时，需要将电流回路由外附TA切至套管TA和旁路断路器TA，若外附TA与套管TA或旁路断路器TA变比不同，则应改定值。

§3-36 为什么要核相？哪些情况下要核相？

答：若相序或相位不同的交流电源并列或合环，将产生很大的电流，巨大的电流会造成发电机或电气设备的损坏，因此需要核相。为了正确的并列，不但要一次相序和相位正确，还要求二次相位和相序正确，否则也会发生非同期并列。

对于新投运的线路或更改后的线路、新投运的变压器、更换后的电压互感器必须进行相位、相序核对，与并列有关的二次回路检修时改动过，也须核对相位、相序。

§3-37 新投运的变压器核相操作的具体步骤是怎样的？

答：一般用电压互感器进行相位测定，其步骤为：

（1）核对两段母线电压互感器相位是否对应。由1号变压器带Ⅰ、Ⅱ段母线运行，然后用电压表分别测量两母线电压互感器的对应相，当测定电压为零，为同名相；当测定电压为100V左右时，为异名相。

（2）测定1号、2号变压器的相位。将母联断路器断开，并将2号变压器送电，然后用电压表分别测量两段母线电压的同名相和异名相之间的电压，若同名相之间电压接近于零，而异名相之间电压为100V左右，则表明1号、2号变压器相位相同，可以通过Ⅰ、Ⅱ段母线并列运行。

§3-38 在双母线接线方式下，当巡视发现其中一条母线上的电压互感器冒烟时，有几种处理方案？优先选择哪种？

答：（1）正常倒母线。采用此方法，需将母差保护切“非选择”、断开母联断路器控制电源，操作过程中一旦发展成短路故障，会造成两条母线全停。

（2）先进行电压互感器二次并列，然后将故障电压互感器转冷备用。这种方式不可取。一方面二次并列可能将故障引到正常电压互感器回路，另一方面规程规定不允许用隔离开关拉合故障电压互感器。

（3）逐路冷倒。此方法总体操作时间长，母线带故障设备运行时间长，一旦发展为短路故障，系统将受到一次故障冲击。但此方法单间隔停电时间短。

（4）拉开故障电压互感器所在母线全部断路器，将故障电压互感器转冷备用后，合上母联断路器，进行电压互感器二次并列，将该母线上的断路器恢复送电。此方法隔离故障快，恢复送电快。

（5）拉开故障电压互感器所在母线全部断路器，再进行逐路冷倒或全部冷倒恢复送电。此方法隔离故障快，恢复送电慢。

值班调度员一般会根据各线路的重要程度和站内设备情况，选取后三种方法中的一种。

运维人员也应将现场故障的具体情况进行汇报，如电压互感器内部有无异常声响，有无渗漏油、喷油，二次电压是否正常等。

§3-39 投退电压互感器时，有什么操作顺序要求？为什么？

答：停用电压互感器时应先停二次，后停一次，送电时顺序相反，防止二次向一次反充电。

反充电一般只会发生在电压互感器二次有并列回路的情况下。双母线接线方式如图 3-5（a）所示，两条母线的电压互感器二次可通过二次并列把手实现手动并列，也可通过某支路两组母线侧隔离开关辅助触点实现自动并列；单母分段接线方式如图 3-5（b）所示，两条母线的电压互感器二次可通过二次并列把手实现手动并列。若电压互感器二次处于并列状态，先停一次，可能通过 TV 二次小开关、–7 隔离开关辅助触点、TV 二次并列回路或闭合的–1–2 隔离开关辅助触点形成的通路，造成运行电压互感器通过二次并列回路向停电电压互感器高压侧反充电，引起运行电压互感器二次开关跳闸，从而使得两条母线二次全部失压。

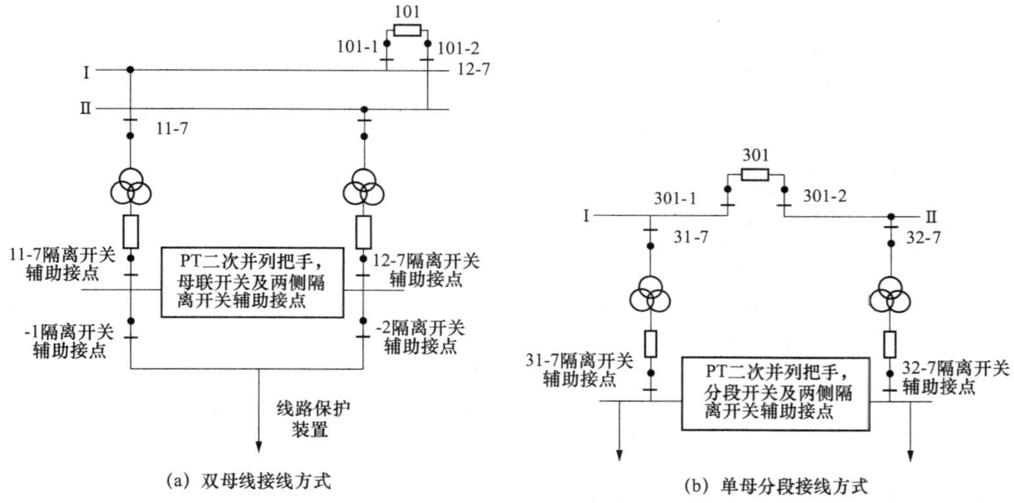

图 3-5 电压互感器二次并列回路示意图

§3-40 简述母线电压互感器二次回路并列的工作原理。

如图 3-6 所示，电压互感器二次切换回路由切换开关 SA、电压切换继电器 KM1、KM2、KM3 组成。只有当母联（分段）断路器 QF 和隔离开关 QS1 与 QS2 均在闭合的情况下，才允许电压互感器二次并列。

将电压互感器二次并列开关 SA 切至并列位置，触点①、②接通，母联（分段）断路器 QF 和隔离开关 QS1、QS2 均在合位，母联（分段）断路器 QF 常开辅助触点、QS1 与 QS2 常开辅助触点闭合，电压切换继电器 KM1、KM2、KM3 线圈带电，KM1、KM2、KM3 常开辅助触点闭合，将Ⅰ、Ⅱ母电压互感器二次并列。

将电压互感器二次并列开关 SA 切至断开位置，③、④接点接通，或母联（分段）断路器 QF 和隔离开关 QS1、QS2 任一断开时，其常开接点打开，断开 KM1、KM2、KM3 动作线圈；其常闭接点闭合，接通 KM1、KM2、KM3 的返回线圈，使其返回，从而断开Ⅰ、Ⅱ

母 TV 二次并列回路。

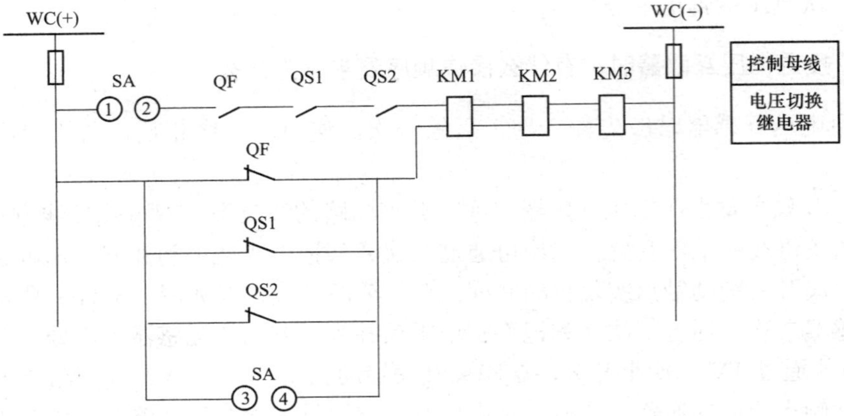

(a)

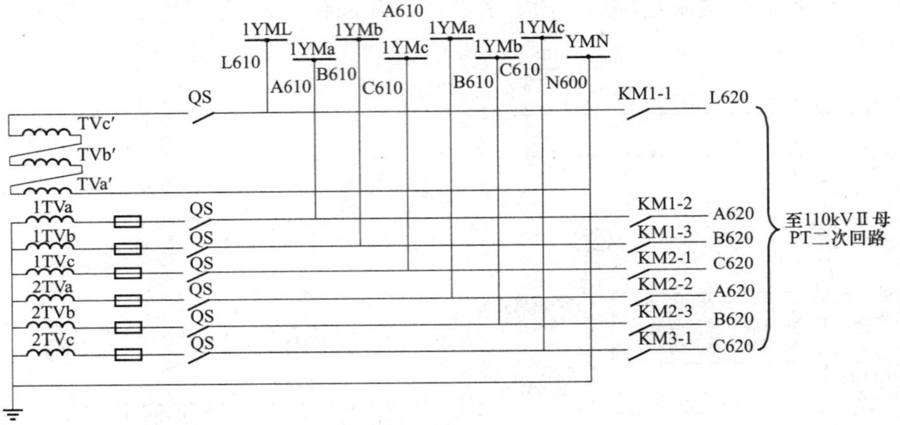

(b)

图 3-6　电压互感器二次接线图

§3-41　电压互感器二次并列操作注意事项有哪些？

答：（1）电压互感器及其二次回路存在异常或故障时，禁止进行电压二次并列。

（2）并列操作前应检查母联断路器（分段断路器）在运行状态，确保电压互感器一次并列。

（3）合上二次并列开关后，应检查并列装置上并列指示灯亮、后台机上传相应并列遥信信息。

（4）取下电压互感器二次保险后，再检查两段母线电压指示正常，确保二次并列成功。

§3-42　电压互感器高压保险一相熔断，需停电更换时，能否合二次并列开关？操作时有何注意事项？

答：电压互感器高压保险一相熔断，需停电更换时，可以合二次并列开关，但操作时应注意以下几点：

（1）合二次并列开关前，必须先合上分段断路器，因为二次并列回路中串联了分段断路器和隔离开关的常开辅助触点；合分段断路器时应注意，变压器低压侧并列操作必须在高压侧并列的条件下才能进行。

（2）合分段断路器前应停用该电压等级的备自投装置。

（3）二次并列前，应先将故障电压互感器二次断开，防止二次向熔断相电压互感器反充电。

§3-43 充电装置在检修结束恢复运行时，应先合交流侧开关，再带直流负荷的原因是什么？

答：充电装置在恢复运行时，如果先合直流侧断路器，再合交流断路器，很容易引起充电装置启动电流过大，造成交流进线断路器跳闸。容易引起操作人员误判充电装置故障，延误送电。

§3-44 500kV并联电抗器操作有哪些规定？

答：500kV并联电抗器必须与线路同时投入运行，不允许脱离线路运行。在线路送电操作之前，应先合上并联电抗器的隔离开关。线路停电时，必须先将线路两侧的断路器、隔离开关断开，运行人员必须验明线路三相确无电压，才能拉开并联电抗器的隔离开关。严禁带电用隔离开关进行并联电抗器的拉、合操作。

§3-45 站用交流系统操作一般原则有哪些？

答：（1）对于外来电源的站用变压器，由于和站内电源的站用变压器相位不同，因此不得并列运行。

（2）站用电系统正常运行时，低压Ⅰ、Ⅱ段母线分列运行。两台站用变压器高压侧无论并列与否，严禁合上低压母线联络断路器；低压母线联络断路器未合上时，严禁将分别接自站用电不同母线段的出线并列。因为站用变压器高压侧未并列［或低压母线联络断路器（或隔离开关）未合上］时，低压侧（或出线）并列会有很大的环流，可能造成短路。故只能采用停电倒负荷的方式，即停电时先拉开需停运的站用变压器低压断路器（或取下熔断器），并检查相应电压表无指示，再合上低压母线联络断路器（或隔离开关），送电时与此相反。

（3）站用变停电时，应先切换负荷侧，后切断电源侧；送电时顺序相反。合电源侧隔离开关时，应检查站用变高压熔断器是否完好。

§3-46 站变切换后应检查哪些设备？

答：（1）检查充电机输出电压正常，充电机运行指示灯亮。

（2）检查变压器风控制箱内电源指示灯亮，变压器风扇运转正常。

（3）检查其他交流回路运行正常。

§3-47 一次设备某间隔（如线路、变压器、母联）由运行、热备用转冷备用、检修时，保护配合操作有哪些规定？

答：仅一次设备工作，二次设备无工作时，如一次设备的作业班组确认并保证二次设备不受影响时，按现场工作票要求，可不投退保护装置。但应在一次设备投入运行前，检查相关二次设备状态正常。

一、二次设备同时有工作时，保护操作规定如下：

（1）退出本间隔保护所有与运行设备关联的连接片，包括跳合闸出口、失灵启动、启动远跳、线路纵联保护连接片、闭锁备自投、解除失灵电压闭锁、启动其他保护的连接片等。断开待检修断路器的控制直流开关、不断开待检修继电保护设备的直流电源开关。

（2）本间隔保护跳本间隔断路器的出口连接片可不操作，但应在一次设备送电前检查保护状态正常。

（3）运行的保护设备跳检修间隔的出口连接片可不退出，但应采取措施保证检修作业安全。

（4）运行的保护装置、智能终端等二次设备对应检修间隔的 GOOSE 接收软连接片、SV 接收软连接片、间隔接收软连接片、间隔投入软连接片等可能危及运行设备的连接片退出。间隔热备用时，对应该间隔的 SV 接收、GOOSE 出口、GOOSE 接收等连接片不退出。

第四章　设备异常及事故处理

§4-1　变压器本体渗漏油缺陷如何定性？

答：（1）一般缺陷：有轻微渗油，未形成油滴；漏油速度每滴时间不快于 5s，且油位正常。

（2）严重缺陷：漏油速度每滴时间快于 5s，且油位正常；油泵负压区渗漏油。

（3）危急缺陷：漏油形成油流，漏油速度每滴时间快于 5s 且油位低于下限。

§4-2　为什么变压器可以带油进行补焊？变压器带油补焊应注意什么问题？

答：对带油的变压器焊接补漏时，由于油的对流作用，电焊产生的热量可迅速散开，焊点附近温度不高，且补漏电焊时间较短，油内不含大量氧气，故油不易燃烧。带油补焊只要控制得当，是不会引起火灾的。变压器带油补焊一般禁止使用气焊。电焊补焊应使用较细的焊条。要防止穿透着火，施焊部位必须在油面 100mm 以下。

§4-3　强油风冷变压器哪些部位属于负压区？负压区发生渗漏有何危害？巡视中如何发现负压区渗漏？负压区发生渗漏如何处理？

答：强油风冷变压器运转中油泵的入口管段、出油管、冷却器进油口附近油流速度较大的管道，由于油泵的吸力，可能出现内部压力低于外部压力，形成负压区。

负压区发生渗漏，油泵运转时不会渗油，但会吸入空气，可能造成轻瓦斯保护动作，甚至进水受潮，影响变压器的绝缘。

油泵运转过程中负压区存在渗漏不易发现，因此要定期切换油泵，并注意检查油泵停止后有无渗漏油。

一旦发现负压区发生渗漏，应将该组油泵退出运行并及时上报缺陷，在缺陷未消除前不得再投入，并且油泵负压区出现的渗漏油情况应定性为严重缺陷。

§4-4　变压器有载调压装置动作失灵可能是什么原因造成的？

答：（1）测控、通信或电缆回路故障。

（2）就地操作装置失灵。

（3）操作电源电压消失或过低。

（4）电机绕组断线或烧毁。

（5）联锁触点接触不良。

（6）转动机构脱扣或销子脱落。

§4-5　有载分接开关操动机构产生连动现象应如何处理？

答：发生连动时，应按“急停”按钮，切断操动机构电源。如果停在不同档位中间位置，应手摇至固定档位，通知检修人员处理。

§4-6 变压器声音异常有哪些现象？

答：变压器运行时，正常发出均匀的“嗡嗡”声。不正常的声音主要有以下几种：

（1）短时的“哇哇”声。由于电网过电压或大动力设备启动引起。

（2）高且沉闷的“嗡嗡”声。变压器过负荷引起。

（3）发出“吱吱”声。内部放电或分接开关放电引起。

（4）发出“噼啪”声。由于外表面放电引起。

（5）发出“叮当”声。散热器螺栓松动、有载调压机构连杆振动、油泵或风扇轴承损坏引起。

§4-7 怎样辨别变压器假油位？造成假油位的原因有哪些？

答：变压器油位的变化取决于变压器的油温变化，影响变压器油温的因素有负荷的变化、环境温度和冷却装置运行状况等。如果油温的变化正常，而油标内油位不变化或变化异常，则说明油位是假的。

运行中出现假油位的原因有：油标管堵塞、呼吸器堵塞、金属波纹管储油柜导轮卡涩等。

§4-8 变压器套管油位过低的原因有哪些？

答：（1）套管密封不严，造成外部渗漏。

（2）套管内部与油箱密封不严，油渗漏到油箱中。

（3）套管安装时加油不足，气温降低时油位变低。

§4-9 变压器温度异常的原因有哪些？

答：（1）监控机温度数据指示异常。

（2）本体温度计指示异常。

（3）环境温度高。

（4）变压器过负荷。

（5）冷却系统故障。

（6）铁芯局部或线圈过热。

（7）分接开关过热。

§4-10 变压器过负荷运行如何处理？

答：（1）密切监视变压器电流电压指示。

（2）检查变压器油位、油温、冷却器回路有无异常。手动投入全部冷却器。

（3）属于正常过负荷，应上报调度，要求减负荷。

（4）属于事故过负荷，应密切观察过负荷倍数和时间，及时汇报调度。

§4-11 强油循环变压器冷却器故障如何处理？

答：强油循环风冷变压器在运行中，当冷却系统发生故障，切除全部冷却器时，变压器在额定负载下允许运行时间不小于 20min。当油面温度尚未达到 75℃时，允许上升到 75℃，但变压器全停的最长运行时间不得超过 1h。

发生强油循环风冷变压器冷却器全停故障后，应及时汇报相关调度，并密切监视变压器上层油温、绕组温度及负荷情况。当变压器负荷较高时，应申请调度转移部分负荷。现场应尽快恢复冷却器运行。当冷却器全停接近 1h，仍不能恢复时，应申请调度停电处理。

现场在检查处理冷却器全停故障时，应注意防止多组冷却器同时启动，避免油流变化过大造成变压器重瓦斯保护误动。检查时应逐级检查两路交流电源是否正常，如果工作电源失电，未能自动切换至备用电源，应手动切换。如果两路工作电源均失电，又不能短时间处理时，可考虑拉接临时电源处理。

§4-12 油浸风冷变压器冷却器全停如何处理？

答：油浸风冷变压器一般同时具有 ONAN、ONAF 两种冷却方式，根据负荷和顶层油温启动相应冷却方式。一般 70%及以下负荷时采用 ONAN 冷却方式，即油浸自冷，不需要风扇运转，变压器可长期运行。负荷超过 70%时，启动风扇，处于 ONAF 冷却方式运行。一般顶层油温到达 55℃时启动，低于 50℃时返回。也可设定不同温度，分组启动风扇。当风扇或风扇电源故障，监控报出冷却器全停信息时，应密切监视变压器顶层油温，顶层油温不宜超过 85℃，最高不得超过 95℃。必要时应申请调度降低变压器负荷运行。应尽快恢复风扇正常运行。

§4-13 薄簧管散热器变压器风扇、油泵运行正常，负荷正常，但油温较高，应如何检查处理？

答：薄簧管散热器由于结构原因，长时间运行，薄簧片之间容易积尘，堵塞柳絮等杂物，严重影响散热片散热。薄簧管散热器变压器风扇、油泵运行正常，负荷正常，但油温较高时应检查薄簧片是否积尘严重，必要时应进行带电水冲洗。

§4-14 对 500kV 变压器强油循环冷却装置运行有哪些特殊要求？

答：（1）任何运行方式下，禁止同时启动或退出二组及以上冷却器，应分时启动或退出。

（2）冷却装置工作电源切换前，应保证只有一组冷却器工作，其余冷却器切换至停运位置。电源切换后，逐台恢复至原运行方式。

§4-15 变压器发生哪些异常情况应立即报告调度并加强监视？

答：（1）变压器声响明显增大，内部有爆裂声。

（2）严重漏油或喷油，使油面下降到低于油位计的指示限度。

（3）在正常负荷和正常冷却条件下，变压器出现不正常的高温，表计正常，且温度不断上升。

（4）套管有严重的破损或放电现象。

（5）变压器起火或大量漏油。

（6）强油循环风冷变压器的冷却系统因故障全停，超过允许温度和时间。

（7）有载调压变压器调压操作后，轻瓦斯动作，同时内部有打火异音、冒烟等异常现象。

§4-16　变压器发生出口短路或穿越性故障时应注意检查哪些项目？

答：变压器发生出口短路故障或穿越性故障时，对变压器冲击较大，应现场检查变压器有无喷油，油色是否变黑，油温是否正常，电气连接部分有无发热、熔断，瓷质外绝缘有无破裂，接地引下线等有无烧断；避雷器计数器是否动作。

§4-17　变压器重瓦斯保护和差动保护同时动作应如何处理？

答：差动和重瓦斯保护同时动作跳闸时，不论其情况如何，未经变压器内部检验，不得将其投入运行。

§4-18　变压器重瓦斯保护动作如何检查处理？

答：重瓦斯保护动作时，调控班应立即通知运维班现场检查，运维班人员或现场值班人员应做如下检查和处理：

（1）重瓦斯投信号位置的变压器，重瓦斯动作发出信号，应迅速全面检查变压器运行状况，如其出现异音，喷油冒烟，温度急剧上升等明显故障时，应立即拉开变压器各侧断路器，操作后立即报告调度。如无明显故障，可按轻瓦斯保护动作检查步骤进行处理。

（2）检查瓦斯继电器内有无气体，压力释放阀是否动作。

（3）变压器外壳是否膨胀、变形，各焊接缝是否开裂和喷油。

（4）如未发现任何异状，且判明确系二次回路故障引起的误动作时，可在差动、过流保护均投运的情况下，经调度和本单位总工程师批准，退出重瓦斯保护后将变压器投运。

（5）经检查不是因变压器内部故障引起，而是因穿越性故障引起重瓦斯保护动作跳闸时，检查试验变压器无异常后报告调度，经其同意试送变压器。

（6）如因地震等明显原因使重瓦斯保护动作跳闸时，经检查变压器无异状后，应立即恢复变压器运行。

重瓦斯保护动作跳闸，经检修人员收集气体确认可燃，不论情况如何，必须经内部检验。故障原因不明，未经本单位总工程师批准，不准将变压器投入运行。

§4-19　变压器差动保护动作如何检查处理？

答：差动保护动作跳闸时，调控班应立即通知运维班现场检查，运维班人员或现场值班人员应做如下检查和处理：

（1）详细检查差动保护范围内的设备：变压器本体有无变形和异状，套管是否损坏，连接变压器的引线是否有短路烧伤痕迹，引线支持绝缘子是否异常，差动范围内的设备是否正常。

（2）瓦斯继电器内有无气体。

差动保护跳闸后，如不是保护误动，在检查外部无明显故障，检修人员瓦斯气体检查（必要时要进行色谱分析和测直流电阻）证明变压器内部无明显故障后，经设备主管单位总工程师同意，可以试送一次。

§4-20　当气体继电器发出轻瓦斯动作信号时，如何判断处理？

答：轻瓦斯动作一般有以下原因造成的：外部进气、调压频繁、穿越性故障、油面降低。

轻瓦斯动作后，应立即检查气体继电器，并取气检验，判明气体成分，同时取油样进行色谱分析，查明原因，及时排除故障。

§4-21　变压器新装或大修后投入运行为什么有时瓦斯继电器会频繁动作？遇到此类问题应该怎样判断和处理？

答：新装或大修后的变压器在加油、滤油时，将空气带入变压器内部，没有能够及时排出，当变压器运行后油温逐渐上升，形成油的对流，内部贮存的空气逐渐排出，使气体继电器动作，气体继电器的动作次数与变压器内部贮存的气体有关。

遇到上述情况时，应根据变压器的声音、温度、油面及加油、滤油工作情况综合分析。如变压器运行正常，可判断为进入空气所致，此时将气体继电器中的气体放出即可，如果动作频率减缓说明正常，否则为不正常，则应取气做点燃试验，判断变压器是否有内部故障。

§4-22　变压器故障跳闸后为什么要及时将油泵停用？

答：变压器故障跳闸后，为避免内部故障部位产生的碳粒和金属微粒随油流扩散，增加修复难度，所以应及时将油泵停用。

§4-23　断路器遥控操作失败有哪些原因？应如何检查处理？

答：（1）监控系统防误闭锁未解除。检查是否断路器选择错误，监控系统与五防系统信号传输通道是否正常。

（2）监控系统遥控超时。重新点击断路器进行操作。

（3）监控系统通道故障。检查测控装置与监控系统的通信是否正常。

（4）测控装置故障。检查测控装置电源是否正常，装置有无异常信号。

（5）测控屏远方/就地切换把手在“就地”位置。

查明原因后，运维人员不能处理的上报缺陷由专业人员处理。

§4-24　断路器用操作把手操作失败有哪些原因？应如何检查处理？

答：（1）控制电源失压。如果是控制电源小开关跳闸，可试合一次，若不成功，说明回路有故障。

（2）断路器分、合闸闭锁。检查有无 SF_6 压力低或机构闭锁信号，现场检查断路器有无闭锁。

（3）远方/就地切换把手位置不正确。检查测控屏远方/就地切换把手是否在“就地”位置，检查操作机构箱（或汇控柜）远方/就地切换把手是否在“远方”位置。

（4）分、合闸回路电气元件故障或接线松动造成的控制回路断线。包括操作把手失灵，断路器辅助触点切换不到位，分合闸线圈断线，防跳继电器触点接触不良等情况。

（5）断路器机械故障，如分闸或合闸铁芯卡滞等。若为机械故障，应瞬时断开控制电源，使分合闸自保持回路复归，防止分合闸线圈长时间通过工作电流而烧毁。

查明原因运维人员不能处理或者不能查明原因的情况应立即上报缺陷由专业人员处理。

§4-25 断路器远方/就地切换把手失灵有何危害？缺陷如何定性？

答：断路器远方/就地切换把手所带接点分别接通断路器遥控和就地操作控制回路，切换把手失灵，即相关的控制回路不能接通，将造成断路器无法遥控操作或者无法就地操作或者遥控就地均无法操作。

断路器远方/就地切换把手失灵，导致无法遥控操作时定性为严重缺陷，无法就地操作时定性为一般缺陷。

§4-26 带温度补偿的 SF_6 断路器压力表工作原理是什么？

答：因为 SF_6 断路器的绝缘和灭弧性能在很大程度上取决于 SF_6 气体的纯度和密度，所以对 SF_6 气体纯度的检测和密度的监视显得特别重要。带温度补偿的 SF_6 断路器压力表结构如图 4-1 所示。当环境温度升高时，断路器内部 SF_6 气体的温度也随着升高，压力也随之增大，弹性金属管 1 的端部向 4 的方向移动，有带动指针向密度或压力值增大的方向移动的趋势，但是由于双层金属带 3 随环境温度升高而伸长，其下端向 5 的方向移动，则两者的变化量完全抵消，其结果是指针的指示值不变，即自动折算到 20℃时的密度或压力值保持不变，反之，当环境温度降低时，指针的指示值也保持原来的密度或压力值不变。当断路器由于某种原因，如漏气或做试验时取气等，使 SF_6 气体质量减少，压力变小，弹性金属管 1 的端部向 5 的方向移动，环境温度引起的压力变化由双层金属带 3 进行补偿，带动指针 2 向指示值减小的方向移动，其结果是指针指示的密度或压力值变小。由于密度表带有两对电接点，供 SF_6 气体密度降低时发信号和闭锁断路器用，指针 2 降到一定的位置就发补气信号或闭锁断路器。

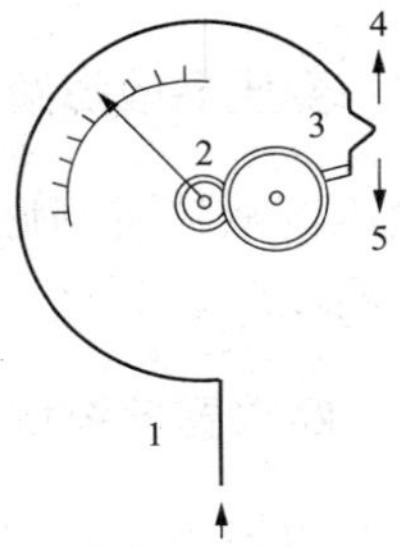

图 4-1 SF_6 气体密度表的结构图

1—弹性金属曲管；2—齿轮机构和指针；3—双层金属带；4—压力增大时的运动方向；5—压力减小时的运动方向

§4-27 SF_6 断路器压力表（密度继电器）温度补偿失效会出现哪些异常现象？如何处理？

答：SF_6 断路器压力表（密度继电器）温度补偿失效会使 SF_6 断路器压力表指示读数随环境温度的变化而变化，特别是昼夜温差较大时，压力指示变化较大，严重时会发出 SF_6 压力低告警信号，影响断路器运行。此时应上报缺陷处理。

另外，如果 SF_6 断路器压力表（密度继电器）与 SF_6 断路器本体所处的环境温度不一致也可能造成 SF_6 断路器压力表指示异常。如太阳直射 SF_6 断路器压力表，其温度补偿装置感受到的环境温度比实际温度高，造成过补偿，使表计指示的压力变低，造成断路器 SF_6 压力告警或断路器闭锁。此时应对 SF_6 断路器压力表采取遮阳措施。

如果 SF_6 断路器压力表（密度继电器）装设在断路器机构箱内，在机构箱加热器等作用下，其感受到的环境温度比实际温度高，也将造成过补偿，使表计指示的压力变低，造成断路器 SF_6 压力告警或断路器闭锁。此时应关闭加热器，打开断路器机构箱门进行通风。

§4-28 断路器 SF_6 压力低闭锁有哪些现象？

答：断路器 SF_6 压力低闭锁会发出"SF_6 压力低告警"、"SF_6 压力低闭锁"、"控制回路断线"告警信号，测控屏位置指示灯熄灭，断路器操作箱位置指示灯熄灭，断路器 SF_6 压力表指示降低至闭锁值。

§4-29 SF_6 断路器严重漏气如何处理？

答：（1）SF_6 断路器严重漏气后，发出闭锁信号，应立即断开断路器操作电源，操作把手上悬挂"禁止分闸"标示牌。

（2）应汇报调度，将故障断路器隔离。

（3）接近设备尽量选择上风处，必要时戴防毒面具，穿防护服。

（4）室内 SF_6 断路器漏气，应开启风机通风至少 15min 后，测明含氧量大于 18%、SF_6 浓度大于 1000μL/L，方可进入。

§4-30 断路器位置指示灯不亮的原因有哪些？

答：（1）灯泡烧毁。

（2）如同时发"控制回路断线"信号，红灯不亮是跳闸回路故障，绿灯不亮是合闸回路故障。应检查电源开关、辅助接点、跳合闸线圈等元件。

（3）如同时发"操作机构未储能"或"闭锁"信号，是由于 SF_6 压力过低或操作机构储能不足引起。

（4）监控系统出现断路器位置消失，是由于测控装置、通信故障，或"置检修状态"压板投入造成的。

§4-31 断路器控制回路断线的原因有哪些？怎样处理？

答：断路器控制回路断线的原因：

（1）控制熔断器熔断或松动，控制小开关跳闸。

（2）弹簧机构未储能，或液压、气动机构压力降低至闭锁值。

（3）SF_6 压力低闭锁。

（4）分、合闸回路接线端子松动、断线。

（5）分合闸线圈断线。

（6）断路器常开或常闭辅助触点接触不良。

（7）分、合闸位置继电器或防跳继电器线圈烧断。

处理方法：

（1）检查控制电源开关是否跳开，或控制熔断器是否熔断。

（2）检查操作箱的跳位、合位灯是否亮。

（3）检查断路器是否同时发"压力低报警""压力低闭锁"信号，气压、液压压力是否降低闭锁分合闸；弹簧机构储能是否正常。

（4）检查汇控柜内的远方/就地切换把手是否在就地位置。

（5）检查断路器端子箱、机构箱控制回路接线端子是否有松动、断线等现象。

（6）检查分合闸线圈是否烧坏。

§4-32 对于具有两组控制电源的断路器，为什么说第一组控制电源消失比第二组控制电源消失危害更大？

答：一般220kV及以上断路器具有两组跳闸线圈，所以设置了两组控制电源，两组电源各带一路跳闸回路；但断路器的合闸线圈只有一组，因此其合闸回路由第一路控制电源供电；同时断路器遥控或手动操作时所启动的手合、手跳继电器也是由第一路控制电源供电。当第一路控制电源消失后，不仅是第一组跳闸线圈不能动作，同时合闸回路也无法接通。另外，所有的遥控、手动操作命令无法发出，因此第一组控制电源消失比第二组控制电源消失危害更大，必须要尽快处理。

§4-33 断路器跳合闸线圈烧毁的原因有哪些？

答：（1）跳、合闸线圈内部匝间短路。

（2）分、合闸时，跳闸铁芯卡滞，合闸接触器本身卡涩或触点粘连，造成线圈长时间带电。

（3）断路器跳闸或合闸后，辅助触点打不开，使线圈长时间带电。

§4-34 操作手车开关过程中有哪几种情况会出现“控制回路断线”报警信息？

答：根据不同厂家设计理念不同，会有以下几种情况，操作手车开关过程中出现“控制回路断线”报警信息：

（1）将手车开关由“工作”位置拉至“试验”位置，取下手车开关二次插头后，会发“控制回路断线”信息。将手车开关二次插头接上后，此信号复归。

（2）操作手车开关从一个位置到另一个位置过程中，会发“控制回路断线”信息。此种情况，将手车开关操作到相应位置后，有时需要手动复归保护装置上的告警信号。

§4-35 液压机构渗漏油缺陷如何定性？应如何处理？

答：缺陷定性：

（1）一般缺陷：液压机构管路出现油迹、渗油点时，渗油速度每滴时间大于5s，且油箱油位正常。

（2）严重缺陷：液压机构管路出现油迹，渗油速度每滴时间小于或等于5s，且油箱油位正常。

（3）危急缺陷：液压机构损坏导致大量漏油甚至喷油，油位下降迅速或者失压到零。

液压机构发生渗漏油，油箱油位尚且正常，应上报缺陷并加强监视；若长期渗油造成油箱油位偏低，应通知检修人员加油；若严重漏油或大量喷油，则应立即申请停电处理。液压机构发生喷油，运维人员检查时应注意人身安全，防止被高压油击伤。

§4-36 断路器液压机构压力过高的原因有哪些？

答：（1）压力表失灵。

（2）气温过高，使预压力过高。

（3）停泵微动开关位置偏高或接点打不开。

（4）储压筒活塞因密封不良，液压油进入氮气内，导致预压力过高。
（5）油泵电源接触器有剩磁，接触器线圈断电后，触点延时打开。

§4-37 断路器液压机构压力过低的原因有哪些？

答：（1）油压正常降低，油泵因回路问题，不能自动启动储能。
（2）高压油路漏油，油泵打压但压力不上升。
（3）氮气泄漏。

§4-38 何谓断路器的慢分，有何危害，如何避免？

答：液压机构的断路器在运行中，由于意外故障或人为泄压而造成液压机构系统压力降为零，如果此时打压电机运转，工作缸分闸端压力缓慢上升，造成断路器缓慢分闸。断路器分闸速度过慢，不能快速切断电弧，熄弧时间拖长，容易导致触头烧损，灭弧室爆炸。当断路器液压机构打压频繁或突然失压时，应申请停电处理。在设备停电前，严禁人为启动油泵，防止由于慢分而使灭弧室爆炸。对正常情况下泄压运行的断路器（死开关）应加装机械防慢分闭锁卡具，断开电机打压电源。

§4-39 简述弹簧操作机构储能过程。

答：弹簧操作机构包括分闸弹簧和合闸弹簧，其储能和能量释放的过程为：断路器合闸操作时，合闸弹簧释放能量，使断路器合闸，同时由操作机构带动分闸弹簧储能；合闸完成后，电动机启动，带动合闸弹簧储能；分闸操作时，分闸弹簧释放能量，使断路器分闸。分合闸弹簧均在合闸操作时储能，所以断路器合闸操作后，要注意检查电动机的启停是否正常，机构的储能状况是否良好。

§4-40 断路器弹簧机构储能异常的原因有哪些？

答：（1）储能电动机电源回路不通，触点接触不良，断线或熔丝熔断。
（2）电动机本身故障。
（3）弹簧裂纹或断裂。
（4）弹簧调整拉力过大。

§4-41 断路器弹簧机构储能异常的处理方法有哪些？

答：（1）若电源回路小开关跳闸，应试合小开关，启动电机打压。
（2）检查电机电源回路及电机是否有故障。
（3）检查电机接触器是否有断线、烧坏、卡滞现象。
（4）电机故障时，应手动将弹簧储能。
（5）若弹簧故障，应汇报调度。

§4-42 气动机构断路器打压频繁一般有哪些原因？如何处理？

答：（1）电磁阀密封不良。电磁阀与气水分离器相连，当空压机打压时，电磁阀关闭，将空气打入气缸，当空压机停止打压时电磁阀开启，气水分离器中的水汽由电磁阀排出。如果电磁阀密封不良，空压机打压时，空气没有进入气缸，而直接从电磁阀排出，空压机将无法打压，引起断路器打压频繁、超时，甚至造成空气压力低闭锁。电磁阀直接损坏的几率相对较小，但是气水分离器的滤清器长时间运行，对空气中的一些杂质和机构内部产生的铁锈的过滤能力减弱，这些杂质进入电磁阀内，将使电磁阀密封不良。此时运维人员应将电磁阀关闭，暂停自动排污功能，可使断路器正常打压，然后上报缺陷处理。

（2）逆止阀密封不良。逆止阀具有单相导通特性，空压机将空气打入气缸，而气缸内的空气则不能进入空压机。当逆止阀密封不良时，气缸内的空气将通过逆止阀泄漏，造成断路器打压频繁。此时运维人员应将手动阀关闭，停止空气泄漏，并上报缺陷处理。

（3）分闸阀座密封件密封不良。分闸阀座密封件是一个环形橡胶密封垫，在分合闸过程中，分闸阀内部的活塞及高压气体会对密封件有冲击力的作用。长时间运行，密封垫老化，弹性降低，特别是在冬季，气温降低，密封垫收缩，弹性进一步下降，极容易出现密封不良、漏气，造成断路器打压频繁。此时运维人员应上报缺陷处理。

§4-43　断路器出现哪些现象应申请停电处理？

答：（1）支持绝缘子断裂、套管炸裂或绝缘子严重放电。

（2）回路连接处因严重过热变色或烧红。

（3）SF_6断路器气体压力、液压机构压力、气动机构空气压力大幅降低造成闭锁。

（4）控制回路故障。

§4-44　断路器发生拒动越级跳闸应如何检查处理？

答：故障跳闸时发生拒动越级，应将拒动的断路器隔离并保持原状，然后将无故障部分恢复供电，待查清拒动原因并消除缺陷后方可投入，以免发生断路器带病投运。

§4-45　端子箱内加热器不热如何检查？

答：（1）测量加热器两端接线电压，如有 220V 电压但加热器不热，则可判断加热器已损坏，需更换。

（2）如果加热器两端无电压，测量加热器电源开关上口电压，如无电压则应检查进线电源无电的原因。

（3）加热器电源开关在合位，测量开关上口有电、下口无电，需进行更换加热器开关。

§4-46　二次回路故障查找的注意事项有哪些？

答：（1）正确选择并检查工器具。

（2）工作中保持与带电设备的安全距离。

（3）严禁触碰与工作无关的二次元件。

（4）测量电压时尽量采用测量对地电位的方法。

（5）查找过程中防止造成接地、短路。

§4-47　冬季气动机构断路器加热器、加热带不热可能会引发哪些异常？

答：冬季气动机构断路器加热器、加热带不热可能造成压缩空气管路内的水汽结冰，造成逆止阀关闭不严、电磁阀关闭不严等，造成断路器漏气、打压频繁等异常。

§4-48 断路器机构箱密封不良有何危害？缺陷如何定性？应如何处理？

答：机构箱封堵不严、箱门密封圈老化、把手损坏等原因造成机构箱密封不良，会导致箱内空气湿度较大，影响机构箱内二次回路的绝缘性能，严重时雨水进入，引起二次回路接地或短路，可能造成保护误动或拒动、二次开关跳闸等严重后果。

缺陷定性：由于机构箱密封不良导致箱内空气湿度较大，箱内设备表面有湿气，定为一般缺陷；由于机构箱密封不良导致雨水渗透，箱内有积水，定为严重缺陷。

发现机构箱密封不良，应采取临时措施将其密封，如更换密封条、临时封堵、捆绑箱门等。若箱内已经进水受潮，应上报缺陷，加强监视，必要时用电吹风进行烘干。

§4-49 开关柜凝露的危害和主要原因以及防范措施有哪些？

答：开关柜属于室内设备，外绝缘积污后自洁能力差，一旦凝露极易导致闪络或击穿放电；部分绝缘器件如绝缘隔板等因材质问题易于吸潮，也会导致绝缘性能下降，因此应防止开关柜凝露。

造成物体凝露的原因主要为周围空气湿度较大和物体本身温度较环境低，而物体本身温度低是凝露的主要原因。因此防止凝露的主要措施应是使物体温度略高于周围空气温度，对于开关柜，则明确要求开关柜内的驱潮器必须在投运前24h投入运行，运行期间必须长期投入。同时，加强通风，尽量降低空气湿度也能减少凝露的可能，将配电室适当密封并安装除湿机或安装空调，使之运行在除湿状态对减少开关柜绝缘故障有较好的效果。

§4-50 电动机构隔离开关电动操作失灵应如何检查处理？

答：（1）检查电气闭锁条件是否满足，是否为误操作。

（2）检查远方/就地切换把手位置是否正确。

（3）检查控制电源、电机三相电源是否正常。若电源开关跳闸，可试合一次，再跳则应查明原因。

（4）检查手动操作闭锁行程开关、分合闸限位开关是否复位，可用手按压几次。

（5）检查停止按钮是否弹出。

（6）检查电机热继电器是否处于动作状态，若动作则复归后再进行操作。若再次动作则应报缺陷由专业人员处理。

（7）如果是遥控操作，还应检查测控装置、通信回路是否正常。

以上检查均未发现异常，应报缺陷由专业人员检查处理。如电气回路的故障暂时不能消除可进行手动操作。

§4-51 电动机构隔离开关操作时电机运转不停应如何检查处理？

答：电动机构隔离开关按下操作按钮后，注意观察隔离开关的动作过程，若发现电机运转不停应立即按下停止按钮并分别对电气回路和机械部分进行相应检查：

（1）若隔离开关触头已操作到位，应检查电气回路分合闸限位开关是否到位，是否正确动作。

（2）若隔离开关触头未操作到位，且存在拉弧现象，应立即将隔离开关恢复初始状态，再检查传动部分有无卡滞、变形、断裂等情况，必要时上报缺陷由专业人员处理。

§4-52 隔离开关操作中发生卡滞如强行操作会有哪些危害？应怎样正确处理？

答：隔离开关操作中发生卡滞时，如果进行强行操作，可能会造成绝缘子、触头等部位异常受力，可能造成绝缘子断裂、触头脱落，并可能引发严重的人身伤害及母线停电事故。因此，发生操作卡滞现象时应停止操作进行处理。

§4-53 隔离开关拒分拒合或拉合困难的原因有哪些？

答：（1）传动机构的杆件断开或松动、卡涩。

（2）分合闸位置限位止钉调整不当。

（3）主触头因冰冻、熔焊等原因导致分合困难。

（4）电动机构电气回路或电动机故障。

§4-54 隔离开关合闸时动静触头接触未完全到位应如何检查处理？

答：隔离开关合闸时由于传动机构卡涩等原因经常发生动静触头未完全到位，隔离开关传动机构未过死点等，如不处理可能造成运行中隔离开关触头发热，机构不能保持等问题。发生动静触头未完全到位时，应用绝缘拉杆进行合闸方向调整，电动机构隔离开关可以用摇把向合闸方向调整。调整中应用力均匀、缓慢，防止用力过度，造成隔离开关绝缘子折断。

§4-55 隔离开关绝缘子裂纹缺陷如何定性？应如何处理？

答：（1）一般缺陷：绝缘子有轻微破损。

（2）严重缺陷：绝缘子有较严重破损，但破损部位不影响短期运行。

（3）危急缺陷：绝缘子有裂纹、放电声或严重电晕。

绝缘子有裂纹，该隔离开关禁止操作，母线侧隔离开关瓷瓶有裂纹的应尽可能采取母线与回路同时停电的处理方法。绝缘子有轻微外伤，损伤不严重，对触头没有影响，且能保持绝缘，应加强监视，可暂不停电。

§4-56 隔离开关触头发热缺陷如何定性？应如何处理？

答：（1）一般缺陷：相间温差超过10℃。

（2）严重缺陷：热点温度≥80℃但＜110℃或者$\delta \geq 80\%$。

（3）危急缺陷：热点温度≥110℃或者$\delta \geq 95\%$。

其中δ=（过热相温度–正常相温度）/（过热相温度–环境温度）。

隔离开关在运行中发热时，主要是负荷过重、触头接触不良、操作时没有完全合好所引起，使隔离开关导流接触部位发热。此时应加强监视，并汇报调度采取转移或减少负荷等措施，发热严重时，应申请倒换运行方式或停电处理。

§4-57 隔离开关导电臂操作时发现有积水流出应如何处理？

答：隔离开关管状导电臂如果积水，在冬季结冰时可能造成积水部位胀裂；或雨水中存在酸性腐蚀成分，长期腐蚀导电臂。这两种情况都可能造成导电臂折断，引发事故。因此在操作时发现隔离开关导电臂有积水流出应上报缺陷，在积水部位打放水孔处理。

§4-58 预防隔离开关故障的措施主要包括哪些？

答：（1）加强对隔离开关转动部分、操动机构润滑，防止机构卡滞。

（2）加强对隔离开关导电回路的红外测温，防止导电部分过热。

（3）检查绝缘子根部防水胶是否脱落，防止绝缘子支瓶断裂。

（4）检查相连导线弛度适当，避免把绝缘子拉断。

（5）检查拐臂调整过死点，防止自行分闸。

§4-59 电流互感器二次开路有哪些现象？应如何处理？

答：电流互感器二次开路后的现象：

（1）差动保护发“差流异常”或 “TA 断线”告警信号。

（2）零序、负序电流启动的保护和自动装置频繁启动或启动后不能复归。

（3）电流指示为零，有功、无功功率指示降低。

（4）电度表走慢。

（5）开路点有时可能有放电火花或冒烟。

（6）电流互感器发出“嗡嗡”声响或伴有严重发热、异味、冒烟。

以上现象不一定同时都发生，会有哪些现象取决于开路的二次绕组带有哪些负荷、一次电流大小以及开路点的具体情况。

电流互感器二次开路后的处理：

（1）当单一回路电流互感器出现开路时，如线路保护或测量回路，应立即申请停电处理，紧急情况（如 TA 开路已造成端子排或设备着火时）下应立即停电处理后报调度。

（2）当公共回路电流互感器出现开路时，如母差、变压器保护回路，应立即检查保护装置电流，查找出开路的支路，申请该支路停运，紧急情况下应立即停运后报调度。

（3）若开路回路暂不能停运，则应退出可能误动的保护，并尽量减小一次负荷电流，然后查找开路点。

（4）紧急情况下，运维人员对开路点进行短接处理时，必须戴好绝缘手套、穿绝缘靴，使用绝缘良好的工具，确保人身安全。

§4-60 电容式电压互感器电容单元渗漏油缺陷如何定性？应如何处理？

答：电容式电压互感器电容单元渗油定为危急缺陷，应立即停电处理，防止互感器因渗漏油导致内部进水受潮，造成互感器绝缘性能下降，引发绝缘事故。

§4-61 监控机中显示母线电压三相不平衡，应如何检查处理？

答：监控机中显示母线电压三相不平衡，通过检查另一条并列运行母线电压，判断是有些相电压偏高还是偏低。然后用万用表测量电压互感器二次开关上口电压，若三相平衡，说明是二次回路有接触不良的情况造成某相电压偏低，若三相不平衡，则可能为电压互感器内部故障。对于电容式电压互感器，电容单元 C1 损坏或分压电容接地端未接地，会造成二次电压偏高，C2 损坏或电磁单元故障，会造成二次电压偏低。发现母线电压三相不平衡较严重时，应及时上报缺陷由专业人员进行详细检查。

§4-62 母线出现接地信号，但三相电压表指示仍然平衡，其原因可能是什么？

答：（1）电压互感器开口三角接线错误。

（2）一次侧确有接地故障，但电压互感器二次侧中性线断线，三相电压仍平衡，但指示值降低。

§4-63 如何根据电压指示判断单相接地、铁磁谐振、电压互感器高压保险熔断？

答：（1）系统发生单相接地时的电压指示：接地相电压降低，金属性接地降为零，其他两相电压升高，金属性接地升高为线电压；线电压指示正常。

（2）铁磁谐振时的电压指示：基波谐振两相对地电压升高、一相降低或两相对地电压降低、一相升高，分频谐振三相电压同时升高或依次升高，线电压指示正常。

（3）电压互感器高压保险熔断时的电压指示：熔断相对地电压降低但不为零，正常相电压不变；与熔断相相关的线电压降低，与熔断相无关的线电压正常。

基波谐振与单相接地时电压指示类似，但其过电压程度更高，会超过线电压，而且电压指示不稳定。

在实际工作中，往往上述三种故障会重叠发生，比如单相接地可能引发铁磁谐振，也可能造成电压互感器高压保险熔断；铁磁谐振可能造成电压互感器高压保险熔断，多种故障叠加后，现象更为复杂，需要运维人员根据各种故障现象综合判断。

§4-64 电压互感器高压熔断器熔断的原因有哪些？

答：（1）系统发生单相间歇性电弧接地，引起过电压。

（2）系统发生铁磁谐振，引起过电压。

（3）熔断器长期运行，接触部位锈蚀，接触不良，过热造成熔断。

（4）电压互感器本身内部出现单相接地或相间短路现象。

（5）二次侧发生短路但二次熔断器未熔断。

§4-65 电压互感器高压熔断器熔断的现象是什么？

答：（1）监控机中相应间隔发出“电压回路断线”信号，$3U_0$ 数值比正常值明显偏高。

（2）熔断相电压降低，但不为零，完好相电压不变。

（3）与熔断相有关的线电压降低。

（4）有功功率表、无功功率表指示降低，电能表走慢。

（5）接有故障录波器时，引起录波器低电压启动。

§4-66 电压互感器低压熔断器熔断或二次小开关跳开的现象是什么？

答：（1）监控机中相应间隔发出“电压回路断线”信号。

（2）熔断相电压为零，完好相电压不变。

（3）与熔断相有关的线电压降低。

（4）有功功率表、无功功率表指示降低，电能表走慢。

（5）接有故障录波器时，引起录波器低电压启动。

§4-67　电压互感器故障处理的注意事项有哪些？

答：（1）电压互感器故障时，应将可能误动的保护（备自投、低周低压减载）停用。不得将故障电压互感器所在母线的差动保护停用。

（2）电压互感器二次电压异常检查时，在退可能误动保护前，不得随意断开二次小开关或取下三相熔断器，防止保护误动。

（3）故障电压互感器二次回路在隔离故障点前，禁止与其他电压互感器二次回路并列。

（4）禁止用隔离开关分合故障电压互感器。

（5）电压互感器着火，应切断电源后，用灭火器灭火。

§4-68　电容式电压互感器二次电压有哪些异常现象？引起的主要原因是什么？

答：（1）二次电压波动。引起的原因可能为二次连接松动，分压器低压端子未接地或未接载波线圈，电容单元可能被间断击穿，铁磁谐振引起的。

（2）二次电压低。引起的原因可能为二次连接不良，电磁单元故障或电容单元 C2 损坏。

（3）二次电压高。引起的原因可能为电容单元 C1 损坏，分压电容接地端未接地。

（4）开口三角电压异常。引起的原因可能为某相互感器的电容单元故障。

§4-69　发生哪些现象电压互感器应立即停运？

答：（1）高压熔断器连续熔断 2～3 次。

（2）内部发热，本体或接头处温度过高。

（3）内部有放电声或其他噪声。

（4）严重漏油、喷油，从油位指示器中看不到油位。

（5）内部发出焦臭味、冒烟或着火。

（6）套管严重污浊、破裂放电，套管、引线与外壳之间有火花放电。

（7）金属膨胀器异常膨胀变形。

（8）GIS 设备电压互感器 SF_6 气体压力表为零。

§4-70　红外测温发现某电容式电压互感器 A 相温度比 B、C 相高 5℃，试分析异常原因？

答：电容式电压互感器发热属于电压致热型缺陷。由于电容式电压互感器密封不良、进水受潮，或者由于绝缘介质老化，引起介质损耗增大产生的发热。局部放电也可能导致发热。电容式电压互感器发热一般发热量不大，温升值比较稳定，在无风条件下其温升约 1～5K。运维人员发现电容式电压互感器 A 相温度较 B、C 相高 5℃，可能是电容式电压互感器存在内部故障，应立即上报缺陷，由专业人员进行精确测温和故障诊断。

§4-71　巡视发现电容式电压互感器电磁单元油位视窗满油位，试分析异常原因？

答：电磁单元油位视窗满油位，可能是连接电容器和中间变压器的接线柱环氧树脂存在裂纹，造成电容器内的油流入中间变压器室造成的。电容单元缺油可能造成电容受潮、局部放电等故障。所以巡视发现电容式电压互感器油位视窗满油位应上报缺陷，由专业人员进一步检查处理。

§4-72 某电容式电压互感器发“TV 失压”信号，检查保护及测量装置无异常，试分析异常原因？

答：电容式电压互感器发 TV 失压信号，检查保护及测量装置无异常可能是 TV 端子箱内 TV 二次小开关的辅助接点异常导通引起的。正常时，TV 二次小开关在合位，其辅助接点应在断开位置。当 TV 二次小开关跳开或拉开后，其辅助接点闭合，启动 TV 失压告警信号。如果辅助接点异常导通将造成误发 TV 失压信号。

§4-73 电流互感器声音异常的原因有哪些？

答：（1）电流互感器严重过负荷，铁芯发出噪声。

（2）二次开路，因磁饱和使硅钢片震荡，发出较大噪声。

（3）铁芯松动，或硅钢片松动，发出“嗡嗡”声。

（4）半导体漆涂刷不均匀形成的内部电晕。

（5）末屏开路及绝缘损坏放电。

§4-74 发生哪些情况电流互感器应立即停运？

答：（1）严重漏油，在油位指示中看不到油位。

（2）有“噼啪”声或其他噪声。

（3）内部发出焦臭味且冒烟。

（4）设备瓷质部分裂纹、破损、严重污浊或闪络放电。

（5）SF_6气体压力表为零。

（6）金属膨胀器异常膨胀变形。

（7）主导流部分接触不良，引起发热变色。

§4-75 3/2 接线系统，某线路间隔一台断路器电流显示为零，另一台断路器电流正常，试分析原因？

答：3/2 接线系统，有时会出现某线路间隔一台断路器电流显示为零，另一台断路器电流正常，或一台断路器的某相电流为零，另一台断路器对应相电流相应变大现象，该现象过一段时间可自行消除。由于 3/2 接线系统各串设备多支路并联运行，由于电阻分布的微弱不平衡可能造成一次电流分布不平衡。发生此现象时，运维人员应检查相关回路断路器分合位置是否正常，隔离开关触头是否接触良好。如果均正常，且该现象过一段时间自行消除，可正常运行，并加强观察。

§4-76 GIS 设备常见异常现象有哪些？

答：（1）SF_6气压降低，发出“补充 SF_6气体”或“气压低告警”信号。

（2）SF_6气体泄漏，发出“压力异常闭锁”信号。

（3）外绝缘子破损、闪络放电。

（4）电动操作失灵。

§4-77　SF_6组合电器发出压力低信号时，如何检查处理？

答：当 SF_6 组合电器任一间隔发出“补充 SF_6 气体”（或“压力降低”）信号时，允许保持原运行状态，但应迅速到该间隔的现场汇控柜判明为哪一气室需补气，然后立即汇报调度及工区，通知检修人员处理，并根据要求做好安全措施。

当 SF_6 组合电器任一间隔发出“补充 SF_6 气体”信号，同时又发出“SF_5 气室紧急隔离”（或“压力异常闭锁”）信号时，则可能发生大量漏气情况，将危及设备安全。此间隔不允许继续运行，同时此告警气室内任何设备禁止操作，应立即汇报调度，并断开相关断路器，将告警气室和带电部分隔离。在情况危急时，运维人员可在负责人领导下，先行对需隔离的气室内的设备停电，然后及时将处理情况向调度和上级汇报。

§4-78　SF_6组合电器发生故障有气体外逸时如何处理？

答：（1）SF_6 组合电器设备发生故障有 SF_6 气体外逸时，现场人员立即撤离现场，同时室内的应立即启动全部通风设备。

（2）在故障发生后 15min 之内，只准抢救人员进入 SF_6 组合电器设备室内。4h 内任何人进入 SF_6 组合电器设备室必须穿防护服、戴防护手套及防毒面具。4h 后进入 GIS 室内虽可不用上述措施，但清扫设备时仍需采用上述安全措施。

（3）若故障时有人被外逸气体侵袭，应立即送医院诊治。

（4）处理 SF_6 组合电器内部故障时，应将 SF_6 气体回收加以净化处理，严禁直接排放到大气中。

（5）防毒面具、塑料手套、橡皮靴及其他防护用品必须用肥皂洗涤后晾干，防止低氟化合物的剧毒伤害人身。并应定期进行检查试验，使其经常处于备用状态。

§4-79　电容器组发生哪些情况时应立即将电容器组停运？

答：电容器组发生下列情况之一时，应立即将电容器组停运：

（1）电容器爆炸。

（2）接头严重过热。

（3）套管严重放电闪络。

（4）电容器喷油或起火。

（5）电容器外壳明显膨胀，有油质流出或三相电流不平衡超过 5%以上，以及电容器或电抗器内部有异常声响。

（6）当电容器外壳温度超过 55℃，或室温超过 40℃时，采取降温措施无效时。

（7）密集型并联电容器压力释放阀动作时。

上述情况下，不允许强行试送。必须经放电完毕，查明原因，排除故障以后才能重新投入。

§4-80　电容器组过电压保护动作如何处理？

答：过电压保护应按电容器铭牌额定电压的 1.1 倍整定。过电压保护动作的原因是由于母线电压高或保护误动。动作后应立即检查母线电压指示仪表，如果确认是过电压引起，待电压下降至电容器允许运行电压的条件下方可重新投入运行。对于保护误动，应对保护装置进行修校。

§4-81 电容器组失压保护动作如何处理？

答：当电源突然消失或因外部短路，母线电压突然下降时动作，切除电容器组，以免电容器组带电荷合闸，引起电容器群爆故障的发生。失压保护动作后，应查明原因，如确因失压造成，应待母线电压恢复正常后，将电容器组重新投入运行。

§4-82 电容器组单台熔丝熔断如何处理？

答：单台熔丝保护是电容器内部元件击穿的保护，一般按 1.5 倍电容器额定电流整定。熔丝熔断后，必须对该台电容器详细检查。经检查未发现异常现象，更换熔丝后方可投入运行。

§4-83 电容器过流保护动作如何处理？

答：过电流保护动作一般是由于电容器组发生相间短路或电容器内部元件击穿，而内部故障保护拒动，以至扩大至相间短路，以及过流保护误动等原因造成。过流保护动作后，应迅速查明原因，首先检查过流保护用电流互感器及以下电气回路，确定故障点，排除故障后，方可投入运行。

§4-84 电容器外壳“鼓肚”应如何处理？

答：电容器若在过高的电压下运行，将导致内部产生局部放电，或部分元件击穿，使电介质分解，产生较多的气体，造成外壳塑性变形而鼓肚。为避免爆破故障的发生，运行中应认真进行外观检查，发现外壳鼓胀时应查明原因，鼓肚严重的应立即停止使用。

§4-85 电容器单体渗漏油的原因有哪些？应如何处理？

答：由于产品制造上的缺陷；套管、接头受到搬动、振动或硬母线的热机械应力，拧螺帽用力过大过猛造成隐伤；外壳漆层剥落、锈蚀；高温天气时电容器温升异常或日光暴晒，温度变化剧烈，造成内部压力过大，都会使外壳或套管渗漏油。发现轻度渗油现象时，应上报缺陷，要加强监视，渗漏严重时，应退出运行。

§4-86 电容器温度过高应如何处理？

答：由于环境温度过高，电容器布置太密，高次谐波电流影响、频繁切合，电容器反复受过电压和涌流作用，介质老化，介质损耗不断增大等原因，都会造成电容器温升过高。可改善通风条件，加装串联电抗器。当外壳温度上升到55℃时，应立即停止电容器运行。

§4-87 电力电容器爆炸损坏的原因有哪些？

答：（1）电容器内部元件击穿。

（2）电容器对外壳绝缘损坏。

（3）密封不良和漏油。

（4）鼓肚和内部游离。

（5）带电荷合闸引起。

此外，还可能由于温度过高、通风不良、运行电压过高、谐波分量过大或操作过电压等原因引起电容器爆炸。

§4-88 避雷针和接地装置常见异常处理方法有哪些？

答：（1）发现避雷针和接地装置发生锈蚀、断裂、倾斜等异常现象时，应汇报调度和上级。

（2）对倾斜和部分断裂的避雷针观察其倒伏的方向，防止倒在设备上，同时要保证巡视人员的安全。

（3）设置安全围网，提醒人员不要靠近异常设备。

（4）异常未消除前，对设备加强巡视，制定应急处置措施。

§4-89 氧化锌避雷器泄漏电流异常有哪些原因？应如何处理？

答：运行中发现氧化锌避雷器泄漏电流表指示为零，原因可能是引线接头接触不良、表计指针卡滞。若怀疑表计卡滞，可用手轻拍在线监测仪检查指针是否卡死，如无法恢复时，应上报缺陷由专业人员处理。

运行中发现氧化锌避雷器泄漏电流表读数异常增大，原因可能是金属氧化物避雷器密封失效、硅橡胶外套劣化，避雷器阀片或装配工艺有问题造成避雷器内部受潮、阀片老化，恶劣天气瓷套外泄漏电流增大。

正常天气情况下，泄漏电流表读数超 1.2 倍，为严重缺陷，应加强巡视，并按缺陷处理流程安排停电检修；正常天气情况下，读数超 1.4 倍，为危急缺陷，应汇报调度，将故障避雷器停运，通知检修人员处理。

§4-90 干式并联电抗器声响异常的原因有哪些？如何处理？

答：干式电抗器是变电站重要的补偿类设备。声音异响是干式电抗器的常见故障。异响的主要原因有：

（1）本体固有频率和基础支柱之间共振；

（2）本体以外连接部件的松动；

（3）接地部件的间距太近引起振动等；

（4）绕组内部匝间短路；

（5）本体绕组层间有细铁丝等杂物。

干式电抗器声响异常如不及时处理可能造成电抗器烧毁，运维人员发现干式电抗器声响异常时应上报缺陷，由专业人员进一步检查处理。

§4-91 站用 380V 系统一段母线因故障停电，短时间不能恢复送电，应采取哪些应急措施？

答：站用 380V 系统一段母线因故障停电，短时间不能恢复送电，应考虑其所带负荷。

（1）变压器风冷电源、充电机交流电源能够自动切换到另一路电源，应检查其工作正常。

（2）各电压等级配电装置低压交流负荷包括机构箱、端子箱加热、照明电源，断路器机构储能电源，隔离开关电动机构电源等，这部分负荷具备两路交流电源，但不能自动切换，需要手动将其负荷全部切至工作母线，切换方式时，注意不要造成两路电源并列。

（3）各保护室和配电室的空调、通风、照明电源是否正常，必要时接临时电源。

（4）变压器消防系统电源是否正常。

（5）UPS 交流电源是否正常，是否已切至蓄电池供电。

§4-92 两台站变相继因保护动作跳闸原因有哪些？应如何检查处理？

答：一台站变保护动作跳闸，备自投动作后，另一台站变保护动作跳闸，造成两台站变相继因保护动作跳闸的原因一般为：

（1）低压母线上发生短路故障。

（2）低压支路上发生短路故障，但支路开关未跳闸。

（3）低压支路上发生短路故障，支路开关跳闸后，负荷自动切换到另一路电源上。

（4）低压三相负荷严重不对称或支路上发生单相非金属性接地，支路开关不会跳闸，造成站变低压侧零序保护动作。

发生两台站变相继因保护动作跳闸，应进行以下检查处理：

（1）检查站变保护动作情况，了解是过流保护动作还是零序保护动作。

（2）检查低压母线各支路开关跳闸情况，若无开关跳闸，则拉开所有支路开关，退出备自投，试送站变，试送成功后逐路试送支路，找出故障支路。

（3）若低压两段母线均有支路开关跳闸，且所带负荷相同，则表明有自动切换回路，此时可直接试送站变，成功后再检查跳闸支路故障原因。